U0168656

航天资源规划与调度

大型可修航天测控系统可靠性分析方法研究

Reliability Analysis of Repairable Phased-Mission Systems using Modular Methods

吕济民 陈盈果 刘晓路 姚 锋 著

清華大学出版社
北 京

内 容 简 介

本书面向航天测控系统在可靠性评估时面临的结构可变、规模庞大难题,分析探讨了"多阶段任务系统模型"的优缺点及国内外研究成果。此外,本书针对中等规模和大规模系统的可靠性评估问题,分别论述了行为向量方法,基于行为向量与截断算法的混合算法,以及基于行为向量的抽样算法,其中行为向量方法是后两种方法的基础,混合算法适用于部件多但阶段少的系统,抽样算法适用于同时含大量部件和大量阶段的系统,三种方法都适用于部件可修的多阶段任务系统。本书提出的一系列方法有效地解决了一些经典文献中绕不开的计算量爆炸问题。本书的研究成果不仅可应用于我国航天测控通信系统的可靠性评估,也可应用于诸如运输系统、航班部署等真实工程应用的可靠性评估。

本书适合作为管理科学与工程及遥感应用领域相关专业的高年级本科生及研究生教材,也可作为从事大型系统可靠性分析技术研究的科研工作者的参考书。

图书在版编目(CIP)数据

大型可修航天测控系统可靠性分析方法研究/吕济民等著.—北京:清华大学出版社,2023.11
(航天资源规划与调度)
ISBN 978-7-302-64859-8

Ⅰ.①大… Ⅱ.①吕… Ⅲ.①航天测控－系统可靠性－研究 Ⅳ.①V556

中国国家版本馆 CIP 数据核字(2023)第 217132 号

责任编辑:陈凯仁
封面设计:刘艳芝
责任校对:欧 洋
责任印制:曹婉颖

出版发行:清华大学出版社
   网   址:https://www.tup.com.cn,https://www.wqxuetang.com
   地   址:北京清华大学学研大厦 A 座   邮 编:100084
   社 总 机:010-83470000   邮 购:010-62786544
   投稿与读者服务:010-62776969,c-service@tup.tsinghua.edu.cn
   质量反馈:010-62772015,zhiliang@tup.tsinghua.edu.cn
印 装 者:天津鑫丰华印务有限公司
经 销:全国新华书店
开 本:170mm×240mm 印 张:8   字 数:159 千字
版 次:2023 年 12 月第 1 版 印 次:2023 年 12 月第 1 次印刷
定 价:65.00 元

产品编号:101253-01

《航天资源规划与调度》编辑委员会

（2021 年 7 月）

丛书序言

F O R E W O R D

2021 年 9 月 15 日，习近平总书记在驻陕西部队某基地视察调研时强调，太空资产是国家战略资产，要管好用好，更要保护好。人造地球卫星作为重要的太空资产，已经成为获取天基信息的主要平台，天基信息是大国博弈制胜的利器之一，也是各科技强国竞相角力的主战场之一。随着"高分辨率对地观测系统""第三代北斗卫星导航系统"等国家重大专项工程建设及民营、商业航天产业的蓬勃发展，我国卫星呈"爆炸式"增长，为社会、经济、国防等重要领域提供了及时、精准的天基信息保障。

另外，受卫星测控站地理位置限制，我国卫星普遍存在的入境时间短、测控资源紧缺等问题日益突出；突发自然灾害、军事斗争准备等情况下的卫星应急响应已成为新常态；随着微电子、小卫星等技术的快速发展，卫星集成度越来越高、功能越来越多，卫星已具备一定的自主感知、自主规划、自主协同、自主决策能力，传统地面离线任务规划模式已无法适应大规模多功能星座发展和协同、高时效运用的新形势。这些问题都对卫星管控提出了新的更高要求。在此现状下，为应对飞速增长的卫星规模、有限的管控资源和应急响应的新要求，以现代运筹学和计算科学为基础的航天资源调度技术起到至关重要的作用，是保障卫星完成多样化任务、高效运行的关键。

近年来，在诸多学者与航天从业人员的推动下，航天资源调度技术取得了丰富的研究成果，在我国"北斗""高分""高景"等系列卫星为代表的航天资源调度系统中得到长期的实践与发展。目前，国内已出版了多部航天领域相关专著，但面向近年来发展起来的敏捷卫星调度、大规模多星协同、空天地资源协同调度、自主卫星在线调度等新问题，仍然缺乏详细和系统的研究和介绍。本套丛书涵盖航天资源调度引擎、基于精确算法的航天资源调度、基于启发式算法的航天资源调度、空天地资源协同调度、航天影像产品定价、面向应急救援的航天资源调度、航天资源调度典型应用等众多内容，力求丰富航天资源调度领域前沿研究成果。

本套丛书已有数册基本成形，也有数册正在撰写之中。相信在不久以后会有不少新著作出现，使航天资源调度领域呈现一片欣欣向荣、繁花似锦的局面，这正是丛书编委会的殷切希望。

丛书编委会

2021 年 7 月

前言

PREFACE

卫星测控系统是航天工程的一个重要组成部分,其可靠性直接关系到航天工程的成败。而我国测控通信系统的可靠性度量目前仍停留在定性为主,定量为辅的状态,无法对系统顶层设计提供相关技术支撑。由于航天工程要求高、投入大,后续任务的建设规模相比前期任务进一步扩大,系统设计的不精确可能造成经费投入的低效率及可靠性指标分配的不合理,为了使系统设计及建设更具科学性和合理性,对测控通信系统可靠性的定量化研究十分必要。

国内对于卫星测控系统的可靠性设计与分析,主要是基于经典的单元/系统可靠性分析理论进行的。GJB/Z 66—1994《航天测控系统总体设计指南》以经典可靠性理论为基础,给出了测控与通信系统的可靠性设计、试验与评价要求。在《航天测控系统工程》中以经典系统可靠性设计与分析理论为基础,介绍了串联、并联、混联、备份等系统的可靠性预计与分配技术。历史文献的可靠性评估方法有一个较为明显的缺陷:无法应用到大规模的、内部结构随时间改变的工程应用系统。

多阶段任务系统(phased mission systems,PMS)是描述可变工程系统的经典模型,PMS的可靠性分析是相关系统寿命分析的基础,在产品设计和维修预测等领域有着广泛应用。随着工程系统朝着大型化、复杂化演变,PMS模型也呈现出规模愈发庞大的发展趋势,这给现有的PMS可靠性分析方法带来了相当大的挑战。针对大型PMS阶段多、可修部件多的特点,本书提出了三种解析方法分析PMS的可靠性。

本书的主要内容分为四部分,分别提出了三种PMS的可靠性估算方法。本书论述的第一种方法是用于分析广义可修PMS可靠性的行为向量方法。所谓广义PMS是指不要求任务在每个阶段都成功,行为向量方法可应用于估算含大量可修部件和少量阶段PMS的可靠性。本书论述的第二种方法在行为向量方法的基础上融合了截断策略,使行为向量方法能够有效应用于含大量部件但阶段数较少的中等规模PMS。本书称该方法为混合算法。本书论述的第三种方法是分析大型PMS可靠性的抽样方法。抽样方法提出了离散时间可用度的概念,并通过增加离散抽样点,使离散时间可用度逐步逼近PMS可靠性真值,这种离散化抽样的思路为系统可靠性评估提供了新的解决方案。

本书的主要特色在于书中论述的三种方法能够有效评估中大规模可修PMS

可靠性,特别是第三种抽样方法能够有效应用于同时含大量可修部件、大量阶段的广义 PMS,对诸如卫星测控系统等变结构系统的任务可靠性评估有重大意义。本书适合作为管理科学与工程及遥感应用领域相关专业的高年级本科生及研究生教材,也可作为从事大型系统可靠性分析技术研究科研工作者的参考书。

本书是笔者在国防科技大学系统工程学院求学与工作期间完成的。本书的完成离不开笔者导师武小悦教授的悉心指导,以及团队同事陈英武、贺仁杰、姚锋、刘晓路、陈盈果、张忠山、陈宇宁、何磊、杜永浩的大力支持和指导。本书在撰写过程中参考了许多参考文献,本书的完成也离不开这些学者的贡献和启发。笔者在此向所有给予指导、帮助与启发的各位老师与学者表示衷心感谢。由于笔者水平有限,书中难免存在不妥与待完善之处,欢迎专家学者和读者朋友批评指正,提出宝贵意见,笔者将不胜感激。

著　者

2023 年 6 月于长沙

目录

C O N T E N T S

第1章

绪 论

1.1 研究背景及意义

可靠性是评价产品质量好坏、评价产品寿命的一个重要指标。国际标准化组织将可靠性定义为单元在给定的环境、给定时间内完成规定功能的能力[1]。可靠性作为专门课题来研究起源于第二次世界大战期间[2],当时各国的武器装备在特殊战场环境下均出现不同程度的故障,不同程度地损害了部队的作战效能,这一问题促使人们开始了早期的可靠性研究。从 20 世纪 60 年代开始,可靠性研究逐步拓展到维修性、保障性等领域。随着科学技术的不断发展,可靠性研究在 20 世纪70 年代步入成熟阶段,到 20 世纪 80 年代进入深化发展阶段。可靠性研究作为提高产品寿命和系统效能的一种有效途径,逐渐受到了各个国家、各个部门的重视。

随着军事科技水平和工程复杂度的提高,系统可靠性的建模与分析显得愈加重要。现代工程系统大多数是多功能的自动化系统,由于系统功能越来越复杂,系统使用的元器件数量越来越多。在这种情况下,如果不加强系统可靠性的控制,系统使用寿命就会逐渐下降,甚至影响任务达成,造成经济损失。目前,我国部分领域产品尚未打入欧美市场,其中一个原因是产品的可靠性较低。为实现制造业转型,对系统和产品进行可靠性预计和管理显得至关重要,同时这也是系统设计过程中必不可缺的环节,是通往高品质和高端制造的必由之路[3]。另外,可靠性预计也为大型系统的维修保障工作提供了数据基础,是保证使命任务达成,保障人员生命安全的重要依托。

现代科技的迅速发展使工程产品和系统结构越来越复杂,规模也越来越庞大,构成产品的元器件越来越多,产品需要在多变的工作环境和压力下运行,这些问题为系统可靠性分析带来了巨大的挑战。近年来,一个新的概念——多阶段任务系统(phased-mission systems,PMS)成为描述该类复杂系统的有效手段[4]。顾名思义,相对于传统的单阶段系统,PMS 包含多个不重叠的阶段。由于执行任务和环境压力的变化,系统结构会按时间顺序划分为各个不同的阶段,具有这类特点的系统均可称为 PMS。例如,卫星发射测控系统就是一个典型的 PMS。卫星发射测控任务通常包含火箭发射、火箭分离、卫星入轨三个测控阶段。这三个阶段互不重叠,按时间先后顺序依次出现。在不同阶段,测控系统利用不同设备执行测控任务,某些设备可能在发射阶段使用频繁,而在入轨阶段完全闲置,这构成了三阶段的 PMS。PMS 的例子还有很多,例如,飞行辅助系统包括起飞升空、巡航、下降着陆等阶段。在许多工程领域,PMS 可用于描述系统结构随时间改变,或部件参数随时间改变的系统。

近年来,PMS 可靠性的建模和分析受到学界的广泛关注。为了简化模型,PMS 建模过程通常提出"阶段时间固定"和"阶段顺序确定"这两个假设。"阶段时间固定"和"阶段顺序确定"假设广泛存在于固定规程、预定任务的工程应用中。例如,对于高铁列车速度监控系统,列车到站和出发加速是严格遵循调度表实施的,这两个假设存在合理性。对于航天任务,每个阶段的捕捉、跟踪、测控、释放任务都是预先计划好的,存在合理性,本书第 2～4 章中的 PMS 可靠性分析方法均基于这两个假设。

另外,"部件工作和维修时间服从指数分布"的假设也广泛存在于 PMS 模型中,特别是考虑可修部件的 PMS 模型通常都包含该假设。众所周知,系统可靠性分析的一个重要目的是研判系统结构的合理性,部件参数分布对可靠度结果的影响并不是主要的。当部件工作和维修时间服从一般分布时,计算可靠性的更新过程推导极为复杂。"部件寿命服从指数分布"假设的主要目的是充分利用随机过程中的连续时间马尔可夫链(continuous time markov chains,CTMC)理论[5],避免繁杂的微分方程组推导,有助于提高算法的简洁性和可操作性。本书第 2～4 章提出的 PMS 可靠性分析方法均基于这一假设展开讨论。

部件的可修性是可靠性分析中必须考虑的一个因素。在诸多工程领域中,可快速拆换的模块化设备均可视为可修部件。通常来说,可修 PMS 既可以指包含可修部件的 PMS,也可指 PMS 失效崩毁后因继续维修而恢复的系统。因为可靠性分析的目的是计算系统首次故障时间,不考虑系统在失效崩毁后的情况,所以本书第 2～4 章讨论的可修系统单指包含可修部件的 PMS。

除了可修部件,部件状态的跨阶段依存性(s-dependence)也为 PMS 可靠性分析带来了相当大的挑战。部件的跨阶段依存性是指一个部件在新阶段的初始状态依赖于部件在前一阶段的行为。当同一部件出现在 PMS 不同阶段时,就会产生跨阶段依存性问题。由于跨阶段依存性问题,PMS 的可靠性不等于各阶段可靠性的简单乘积,这是 PMS 可靠性分析的基本难点之一。此外,一些特定的工程领域还存在诸如不完全覆盖(imperfect coverage,IPC)、共因失效(common cause failure,CCF)等问题,这些特殊情况进一步增加了 PMS 可靠性分析的难度。

目前,现代工程系统正在朝着大型化、复杂化的方式演变。PMS 作为现代工程系统的描述工具,也存在着模型规模庞大、结构复杂的发展趋势。大型 PMS 有部件数量多、阶段多、部件嵌套子系统的特点。如何计算大型 PMS 的可靠度,是可靠性理论分析的研究热点,也是亟待解决的工程实践问题。特别是航天测控系统具有规模庞大、设备可修等特点,研究大型可修 PMS 的可靠性分析方法,能够为我国航天事业的健康发展提供重要保障。

本书面向上述需求,论述了三种可靠性分析方法:

1. 分析广义可修 PMS 可靠性的行为向量方法

广义 PMS 与普通 PMS 的主要区别是:如果广义 PMS 要成功完成任务,不要求系统在每个阶段都成功,因此这对广义 PMS 的可靠性分析构成了一定挑战。行为向量方法是一种评估广义可修 PMS 可靠度的解析方法,它主要应用于包含大量部件和少量阶段的可修 PMS。该方法不仅可以分析广义 PMS,还能规避状态爆炸问题和二元决策图变量排序问题,是一种运算复杂度低且易于编程实现的可靠性分析手段。

2. 分析中型 PMS 可靠性的行为向量与截断策略混合算法

针对 PMS 阶段增多时行为向量方法将遭遇计算量爆炸的问题,本书设计了递减的截断策略,用以删除权重低的计算单元并得出 PMS 可靠度的近似值。截断策略可以在系统阶段增多时显著减少算法内存消耗,并降低运算耗时,是将行为向量方法拓展到中型 PMS 的有效手段。截断策略应用了递减的截断阈值,将截断误差直接控制在预定参数下,避免了经典截断方法中探讨误差的烦琐步骤。

3. 分析大型 PMS 可靠性的抽样方法

在 PMS 规模增大时,大部分解析方法都将遭遇计算量爆炸的问题。针对这一问题,本书设计了分析大型系统的抽样方法,主要应用于含大量阶段和大量可修部件的 PMS。该方法提出了离散时间可用度的概念,并基于此设计了新的 PMS 可靠度评估方法。这种方法将离散时间可用度作为 PMS 可靠度的近似值,并通过离散化程度加深来逐渐逼近可靠度真值。这种离散化抽样的思路为系统可靠性评估提供了新的解决方案。

本书提出的系统可靠性分析评估方法,还能够应用于具有如下特征的其他工程应用系统:①任务到达时间随机性。例如在中高轨卫星的测控任务无法明确具体时间要求,只能大致描述任务的时间范围或执行次数。②系统内部的部件允许备份和快速更换。在系统可靠性分析中,设备的备份策略在很大程度上会影响到系统任务可靠性,不同的备份策略对系统可靠性建模与分析会产生不同的影响。③系统可靠性分析的周期长,计算量大。根据工程上常用的调度算法,通常是以周为单位进行测控调度的,即每次生成一周的调度方案,在下个周期内按照预定的调度方案进行卫星的测控,其间再针对卫星系统运行过程中的突发情况(如卫星故障、测控设备故障等)进行测控调度方案的微调,而一周内测控任务达到上万个,涉及的测控系统部件达几万件,导致任务可靠性的分析计算量很大。④其他对系统结构造成影响的动态不确定性。在测控系统的运行过程中,由于一些偶发事件的影响,如测控设备故障、卫星应急抢修等事件,导致难以一次性建立固定的可靠性模型,模型需要针对故障的发生进行动态调整,从而难以开展全过程的可靠性分析评估。

1.2   国内外研究综述

1.2.1   PMS可靠性建模与分析方法综述

从公开文献上看,PMS可靠性建模与分析的研究始于20世纪70年代,Esary等[4]及Burdick等[6]较早地提出了PMS的概念。总体来说,现有的PMS可靠性分析方法主要基于成熟经典的可靠性分析理论,针对PMS的特点逐步改进而来。按照建模能力,PMS可靠性分析方法可分为静态方法和动态方法,如图1.1所示。静态方法主要用于分析不可修PMS,而动态方法用于分析可修PMS。静态方法主要包括可靠性框图(reliablity block diagram,RBD)、静态故障树(static fault tree)、二元决策图(binary decision diagram,BDD)、布尔代数(Boolean algebra)、贝叶斯网络(Bayesian network)等;动态方法包括动态故障树、齐次马尔可夫链、Petri网仿真等模型。

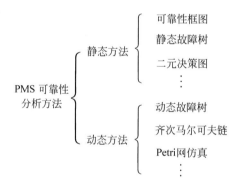

图1.1   PMS可靠性分析方法按建模能力的分类

按照模型使用的数学理论,PMS可靠性分析方法可分为解析方法(analytical methods)和仿真方法,其中解析方法又可分为组合模型方法(combinatorial model methods)、马尔可夫链方法(markov chain methods)和两者相结合的模块化方法(modular method),如图1.2所示。

在这些方法中,仿真方法适用范围最广,方法假设少,对各类复杂工程问题的建模能力最强。仿真方法主要包括蒙特卡罗仿真、离散事件仿真、Petri网仿真等。马尔可夫链方法基于随机过程中的连续时间马尔可夫链理论,它的主要优点在于分析部件的维修性。组合空间方法虽然难以分析可修部件,但可有效规避状态空

图 1.2　PMS 可靠性分析方法按数学理论的分类

间方法遭遇的状态爆炸问题(state-explosion problem)。组合模型方法主要包括布尔代数、可靠性框图、静态故障树、二元决策图等模型。

本书第 2～4 章研究的重点是解析方法中的模块化方法,模块化方法又称为层次化方法(hierarchical methods)。学者提出模块化方法的主要目的是分析大型可修 PMS 的可靠性。模块化方法结合了马尔可夫链方法和组合模型方法的优点,但该方法通常都需要"部件行为相互独立"的假设。1.1 节指出,典型 PMS 模型经常提出"阶段时间固定"的假设,但现实工程中某些 PMS 的阶段转移是由不确定的事件触发的,此时阶段持续时间是一个不固定的随机变量。针对该型 PMS,可以采用马尔可夫再生过程或半马尔可夫过程建模法。

当 PMS 规模增大时,系统可能包含大量的部件和大量的阶段。所谓大型 PMS 是指含有大量部件和大量阶段的 PMS,事实上,一些文献[7-9]提及的大型 PMS 忽略了阶段数的增长。针对大型 PMS,单纯的组合模型或马尔可夫链方法通常会遭遇计算量爆炸问题,这些方法会因计算机内存不足而无法得出结果。为解决这一问题,近年来涌现出近似、上下界、截断等方法。这些方法在传统解析方法的基础上,添加了矩阵压缩、截断、上下界分析等策略,以得出 PMS 可靠度近似解为目的。另外,本书第 2～4 章提出的抽样方法也为大型 PMS 可靠性分析提供了新的解决方案。

综上所述,对于大规模可修 PMS 的可靠性分析问题,每种方法都存在自身的优势与缺陷,表 1.1 总结了各方法的优缺点。在实际工程实践中,需要根据 PMS 的规模和计算平台的容量,来选择合适的可靠性分析方法。

表 1.1　PMS 可靠性分析方法对比

项　　目	解 析 方 法			仿真方法
	组合模型方法	马尔可夫链方法	模块化方法	
可修部件的建模能力	弱	强	一般	强
含大量部件的 PMS 的建模能力	强	弱	强	强

项　　目	解　析　方　法			仿真方法
	组合模型方法	马尔可夫链方法	模块化方法	
含大量阶段的 PMS 的建模能力	弱	强	强	强
结果精度	高	高	高	一般

1.2.2　PMS 可靠性分析的仿真方法

仿真方法是分析系统可靠性的一种便捷而有效的手段,是工程领域最常用的方法。仿真方法的特点是适用范围广、研究对象灵活、几乎可以描述工程中的所有特殊情况,如设备维修、共因失效、不完全覆盖等问题都可以用仿真方法来描述。当解析方法难以精确描述上述情景时,仿真方法可以弥补解析方法的缺陷,成为分析大规模复杂 PMS 可靠性的有力工具。仿真方法的理论基础是大数定理,通过若干次仿真实验统计出 PMS 可靠性结果。

分析 PMS 可靠性的仿真方法主要包括:蒙特卡罗仿真[10-12]、离散事件仿真[13-15] 和 Petri 网仿真[16-23] 等。仿真方法的执行步骤大体一致——首先根据模型参数对各部件的寿命、修复时间和阶段持续时间等变量进行抽样,然后基于部件状态判断任务成败,通过多次仿真得到大量样本,最后统计得到任务可靠性的实验值。

目前越来越多的 PMS 可靠性仿真分析文献采用了 Petri 网方法。Petri 网方法可分为三类:第一类 Petri 网描述所有部件的状态转移,利用令牌(token)的转移来仿真部件的失效和维修行为。第二类 Petri 网用于监测系统失效,其变迁条件为 PMS 可靠性逻辑函数。第三类 Petri 网用令牌转移描述阶段前进,变迁的延迟时间为阶段持续时间,该 Petri 网的运行优先级低于前两组 Petri 网。Petri 网模型可以描述随机的阶段持续时间和服从一般分布的部件参数。建模过程中,只需增加库所数量即可描述多状态的部件。事实上,Petri 网方法对复杂工程问题的建模能力是很强的。

目前,绝大多数商用可靠性分析软件都包含仿真分析模块,这些软件通常都包含可靠度预计、可靠性数据分析管理、维修保障分析管理等模块。其中商业化比较成功的软件包括 Relex Studio[24](又称为 Windchill Quality Solution),据报道,该软件为洛克希德马丁公司、波音公司和通用动力公司的产品提供可靠性分析服务[25]。此外,ITEM Software 公司的 ITEM Toolkit[26]、ReliaSoft 公司的 BlockSim 软件[27] 都具有 PMS 可靠性分析功能。相比于这些价格高昂的软件平台,GRIF 软件[28] 和 Trivedi 教授开发的 SHARPE 软件[29] 目前提供免费版。

毫无疑问,仿真方法存在一定的缺陷。真实的工程系统通常都是可靠性极高的,为了达到满意的仿真结果精度,往往需要极高的仿真次数,这导致仿真方法比解析方法需要更多的运算时间,这一差距对于中小规模 PMS 尤为明显。另外,由于仿真随机数种子的限制,仿真次数并不是越多越好,仿真达到一定次数时会出现重复仿真的现象。特别是对高可靠度的系统,由于时间成本和计算机内存的限制,仿真结果精度往往差强人意,不利于系统的可靠性设计工作。

综上所述,尽管仿真方法存在各种优点,但它对于模型简单、可靠度高的 PMS 并不是最佳的分析方法,特别是对于产量高、销量大的产品,仿真方法和仿真软件难以得出高精度的可靠度结果,这对产品售后服务和维护保养都是不利的。相比之下,解析方法因其精度高的特点,在商业软件中也占有相当重要的地位。1.2.3 节主要介绍非仿真方法中的组合模型方法。

1.2.3　PMS 可靠性分析的组合模型方法

组合模型方法是指包括可靠性框图模型[4,30]、静态故障树模型[6,31-34] 和决策图模型[35-50] 在内的静态可靠性分析方法。组合模型方法主要用于分析不可修的 PMS,通常具有简洁直观、模型规模小、求解速度快等特点。

1. 可靠性框图与故障树方法

可靠性框图(RBD)是描述 PMS 结构的一种直观有效的方式。Esary 等[4] 提出了基于 RBD 模型的 PMS 可靠性分析方法。该方法将各部件 C 拆分为一系列串联的单元 $C_1, C_2, \cdots, C_p$。例如,第三阶段的部件 K 会被拆分为 K_1, K_2, K_3,这种拆分策略能够有效地标记某个阶段失效的部件,从而解决 PMS 的跨阶段依存性问题,但是这种拆分方法只适用于微型不可修 PMS。

类似于 RBD,故障树(fault tree,FT)也是描述 PMS 结构的一种有效方式,基于故障树的系统可靠性分析方法称为故障树分析(fault tree analysis,FTA)。FTA 是一种将系统故障成因由总体至部分按树状逐次细化的分析方法。通常,FTA 将 PMS 故障作为分析目标(即顶事件),然后逐级寻找导致这一故障的原因,一直找到部件的故障因素(即底事件),而介于顶事件和底事件之间的事件称为中间事件。用适当的逻辑门将顶事件、中间事件、底事件连接起来便形成了故障树。图 1.3 是一个典型的静态故障树模型。

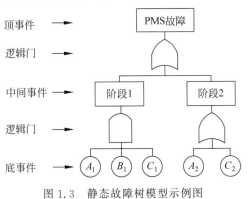

图 1.3　静态故障树模型示例图

故障树可分为静态故障树(static fault tree)[6,33]和动态故障树(dynamic fault tree)[31-32,34]。静态故障树采用静态逻辑门对系统建模,而动态故障树则至少包含一个动态逻辑门。静态逻辑门包括与门、或门等,而动态逻辑门包括顺序相关门、功能相关门、优先与门等[51]。基于故障树的 PMS 可靠性分析可以采用类似 Esary论文中的部件拆分法,也可以采用决策图分析法。总体来说,静态故障树方法主要用于分析不可修 PMS 的可靠性,而动态故障树主要用于分析可修 PMS。

在 RBD 或 FT 模型的基础上,一些学者[52-53]提出了 PMS 可靠性分析的布尔代数方法。该方法将系统失效表示为阶段失效组合(phase failure combination)的布尔代数表达式,从而将 PMS 不可靠度表达为各部件状态的组合。布尔代数方法方法是一种静态方法,只适用于小型不可修 PMS。

2. 决策图方法

事实上,上述方法只能用于小规模不可修 PMS。与之相比,决策图方法[35-50]能够有效分析部件数较多的 PMS。决策图是二元决策图(BDD)、三元决策图(ternary decision diagram,TDD)和多值决策图(multi-valued decision diagram,MDD)的统称。文献中大部分以 BDD 为背景的算法都可以推广到 TDD、MDD中来。BDD[54]是基于香农分解的一种布尔函数图形表示方法,图 1.4 给出了布尔函数 $f = (x_1 + y_1) \cdot (x_2 \cdot y_2)$ 的 BDD 示例。

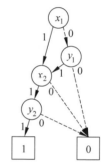

图 1.4 布尔函数 $f = (x_1 + y_1) \cdot$ $(x_2 \cdot y_2)$ 的 BDD 示例图

在 BDD 模型中,两个标识为 1 和 0 的没有输出边的节点分别称为"1 节点"和"0 节点",它们统称为吸收节点(sink nodes)。非吸收节点由变量 x_i 或 y_i 标识,并且具有两条分别标识为 1 和 0 的输出边,分别称为 1 边(1-edge)和 0 边(0-edge)。1 边表示 x_i 或 $y_i = 1$,用实线表示;而 0 边表示 x_i 或 $y_i = 0$,用虚线表示。

Rauzy[41]提出了利用 BDD 分析故障树模型的可靠性分析方法。Zang[35]提出了基于 BDD 的 PMS 可靠性分析方法,该方法简称 PMS-BDD。BDD 方法除了擅长分析部件较多的 PMS,还具有较高的建模可拓展性。只需要算法上的微调,决策图模型就可以分析多模失效问题[39,43]、不完全覆盖[9,36,38,40,45,55-59]和共因失效问题[60-66]。

尽管 BDD 模型存在诸多优点,但也存在如何选择最优"变量排序策略"(variable ordering scheme)的问题。根据给定排序策略生成的 BDD 称为有序二元决策图(ordered BDD,OBDD)[67]。针对同一个布尔函数表达式,不同的变量排序方式将生成不同规模的 BDD。例如,对于布尔函数 $f = (x_1 + y_1) \cdot (x_2 \cdot y_2)$,两种不同的排序策略 $x_1 < y_1 < x_2 < y_2$ 和 $x_2 < x_1 < y_2 < y_1$ 会生成不同规模的BDD,如图 1.5 所示,其中 $x < y$ 表示变量 x 排在变量 y 之前。大量文献[68-70]指

出,变量排序策略对 BDD 的规模影响很大。

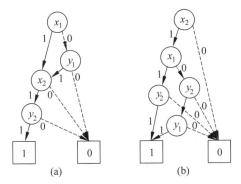

图 1.5 不同变量排序策略对 BDD 规模的影响

(a) $x_1 < y_1 < x_2 < y_2$；(b) $x_2 < x_1 < y_2 < y_1$

针对任意 PMS,是否存在一个最优的变量排序策略生成机制使 BDD 结构最小,一直是学界争论的焦点。Friedman 等[68] 于 1987 年给出了一种复杂度为 $O(n^2 3^n)$ 的最优排序策略生成算法,而 Bollig 等[69] 在 1996 年认为求解 BDD 的最优排序策略是一个 NP 问题。针对给定 PMS,如何给出一个合理的变量排序结构使 BDD 规模尽可能小,是近年来 BDD 研究的主要问题之一。Zang[35] 提出的 PMS-BDD 方法给出了两种 BDD 变量排序策略——前向阶段依赖操作和后向阶段依赖操作的变量排序算法。Xing 等[37] 指出,Zang 给出的系统 OBDD 生成算法并不适用于所有的排序算法,因此提出了一个针对任意排序规则的 BDD 生成算法(称为两阶段算法)。此外,Mo[42-43] 总结了 4 种 OBDD 变量排序策略,分别是前向阶段依赖操作(forword phased dependent operation,FPDO)、后向阶段依赖操作(backword phased dependent operation,BPDO)、前向串联(forward concatenation,FCON)和后向串联(backward concatenation,BCON),提出了适用于不同 PMS 的变量排序策略选择方案。

基于 BDD 的 PMS 可靠度计算方式有两种——第一种是枚举 BDD 通路的向下运算策略(top-down algorithm),第二种是遍历 BDD 节点的向上运算策略(bottom-up algorithm)。具体执行时,需要根据 BDD 的特点选择对应的计算方式。由于部件在前一阶段的行为会影响后续阶段,所以对于图 1.5(a)的 BDD 只能采用枚举 BDD 通路的向下运算策略。当给定的 BDD 中变量按照阶段先后顺序自下而上排列时(图 1.5(b)),宜采用遍历 BDD 节点的向上运算策略(此时也可以选择向下运算策略,但计算量更大)。

近年来,决策图在计算机辅助设计等工程领域得到了广泛的应用[47],同时它也是 PMS 可靠性分析的热门方法。它的优点主要包括以下几方面。

(1) 决策图方法能够有效分析包含大量部件的 PMS,可规避状态爆炸问题。

(2) 决策图方法具有良好的拓展性,可作为分析多状态部件、多模失效、不完全覆盖问题的基础平台。

然而,决策图方法也不可避免地存在以下缺陷。

(1) 决策图方法不能分析阶段内的部件维修行为。

(2) 当 PMS 的阶段增多时,决策图方法将遭遇运算量及内存占用爆炸问题。

对于可修 PMS,上述组合模型方法需要与马尔可夫模型相结合,形成模块化分析方法。下一节主要介绍分析 PMS 可靠性的马尔可夫模型。

1.2.4　PMS 可靠性分析的马尔可夫模型

马尔可夫链方法[71-78],又称马尔可夫链方法或马尔可夫模型,是一种基于连续时间马尔可夫链理论的经典可靠性分析方法,它与 Petri 网模型被归类为状态空间方法(state-based methods)。通常来说,只有当 PMS 包含可修部件时,马尔可夫链方法才会被使用,这主要是由于马尔可夫链方法会遭遇著名的"状态爆炸问题"。所谓状态爆炸问题是指状态空间的规模随部件数增多而呈指数增长。例如,对于两部件组成的微型系统,状态空间包含 4 个状态——$(1,1),(1,0),(0,1),(0,0)$。而当系统部件增加到 4 个时,状态空间将包含 $16(2^4)$ 个状态。事实上,状态空间的指数级增长严重限制了传统马尔可夫链方法的适用性。

将状态空间方法应用于 PMS 可靠性分析中的研究始于 20 世纪 80 年代[78]。Alam 等[71] 提出传统的马尔可夫链方法并分析了微型可修 PMS 的可靠性。该方法首先建立一个包含所有部件的转移速率矩阵(transition rate matrix,TRM)Q,而后按照阶段先后顺序计算任务结束时刻的状态概率向量。矩阵 Q 亦可称为无穷小生成子(infinitesimal generator),Q 中的元素 q_{ij} 表示系统从状态 i 到状态 j 的转移速率。Alam 方法对所有阶段建立统一的方阵 Q,也就是说,不同阶段对应的矩阵 Q 阶数相同,但 q_{ij} 值不尽相同。设初始状态概率向量为 $v(0)$,根据连续时间马尔可夫链理论,第一阶段结束时状态概率向量可表示为 $v(T_1)=v(0) \cdot e^{Q_1 \cdot T_1}$,依次类推得出任务结束时的状态概率向量,PMS 可靠度等于状态概率向量中成功状态的概率和。矩阵指数 $e^{Q \cdot T}$ 的计算方法包括泰勒展开法、帕德方法、常微分方程法等。

在 Alam 方法的基础上,Smotherman[72-73] 等运用非齐次马尔可夫链分析了阶段时间不固定的可修 PMS 的可靠性。Dugan[79] 提出了一种将故障树转化为马尔可夫模型,并将各阶段马尔可夫模型整合为统一马尔可夫链的 PMS 可靠性分析方法。Dugan 指出,合并后的马尔可夫链不再具有时间齐次性,因此该方法存在理论可行,但应用困难的问题。

上述方法需要构建一个包含所有部件的转移速率矩阵 Q,一些文献中将其称为"马尔可夫模型的统一建模方案"[80-81]。运用统一建模方案的 PMS 可靠性方法不可避免地用到一个规模庞大的矩阵 Q。为了解决这一问题,Somani 等[74] 和 Kim 等[75] 采用了各阶段独立建模的方案。各阶段独立建模的思路是单独建立各个阶段的 CTMC 模型,而后再通过状态映射将阶段转移时刻的概率向量连结起来。由于单阶段通常只包含少量部件,所以矩阵 Q 的规模都不是很大,Somani 为该策略开发了 HARP-PMS 软件包。在各阶段独立建模的基础上,Kim 提出了基于矩阵 Q 特征值的可靠性递推公式,该方法可适用于阶段持续时间不固定的 PMS。

　　总体来说,统一建模方案和各阶段独立建模方案各有其优劣性。一方面,在系统某一阶段发生结构改变时,统一建模方案缺乏重用性。仅仅是对 PMS 某一阶段结构的微小改动,统一建模方案也不得不重新构建矩阵 Q,这不利于后期的可靠性设计的工作,有违系统可靠性分析初衷。统一建模方案需要使用超大规模的矩阵 Q 也为矩阵存储问题带来了挑战。另一方面,各阶段独立建模方案有很好的模型重用性,某一阶段的改动并不会影响其他阶段,同时也降低了超大型矩阵 Q 出现的概率。然而遗憾的是,独立建模方案涉及的状态映射是该方案实用化的一个障碍。由于不同阶段中参与任务的设备通常不同,导致两阶段的状态概率向量无法直接匹配,如何计算状态映射的概率是独立建模方案的难点所在。一些文献[74]研究的状态映射计算方法只适用于特定 PMS,并不具有一般性。表 1.2 总结了统一建模方案和独立建模方案各自的优缺点。

表 1.2　马尔可夫链方法两种建模方案的对比

维　　度	马尔可夫链方法	
	统一建模方案	独立建模方案
模型重用能力	弱	一般
矩阵 Q 规模	巨大	大
阶段转移处理难度	低	高

　　事实上无论采用何种建模方案,当部件增多时,马尔可夫模型都会遭遇状态爆炸问题。对此,闫华[81]讨论了大规模稀疏矩阵 Q 的特点和生成机制,给出了 Q 的压缩存储方法。另外,闫华还提出了基于 Krylov 子空间投影的 PMS 可靠性近似计算方法。这种方法在一定程度上避免了状态爆炸问题,但涉及较多的微分方程和级数运算,编程实现难度较大。

　　现有文献中,大多数的马尔可夫模型都提出"部件失效时间和维修时间服从指数分布"的假设,这一假设是利用连续时间马尔可夫链数学理论的前提。如果没有这一假设(即部件失效时间和维修时间服从一般分布),马尔可夫链方法通常须采用复杂的更新过程(renewal process)理论,精确解的计算难度较大。莫毓昌等[82]基于马尔可夫再生过程和拉普拉斯变换(Laplace transform),提出了任务时间为一般分布,部件参数服从一般分布的 PMS 可靠性分析方法。Chryssaphinou 等[83]基于离散时间半马尔可夫(semi-Markov)过程,分析了多状态系统的可靠性。

　　在近年来的 PMS 文献中,马尔可夫模型主要用于模块化方法[84-90]的底层建模。通常,模块化方法通过马尔可夫模型(或 Petri 网)描述部件的失效和维修行为,再通过组合模型描述跨阶段依存关系。模块化方法提出的主要目的是在分析部件维修性的同时避免状态爆炸问题。早期的模块化方法文献中,Mura 等[84]基于 Petri 网和离散时间马尔可夫链提出了可修 PMS 的可靠性分析方法,该方法利用 Petri 网描述部件行为,并用离散时间马尔可夫链描述任务失效和阶段转移,该方法的计算效率与传统马尔可夫链方法相比有明显优势。基于 BDD 和马尔可夫模型,Ou 等[86]提出了模块联合概率的概念并分析了可修 PMS 的可靠性。此外,Wang 等[87]利用 BDD 和马尔可夫链分析了包含大量部件的可修 PMS 可靠性,2.1 节对该方法进行了较详细的阐述。Shrestha 等[88]利用多值多状态决策图(multi-state multi-valued decision diagram,MMDD)将 Wang 的方法推广应用到多状态 PMS。

现有研究表明,模块化方法是在建模能力和运算效率方面表现优秀的解析方法,已经成为了 PMS 可靠性分析的热点。第 2、3、4 章提出的行为向量方法和抽样方法都属于结合 BDD 和马尔可夫模型的模块化方法。

1.3   主要工作和创新点

1.3.1   研究内容和结构框架

本书第 2～4 章提出了计算大规模可修 PMS 可靠度的三种模块化方法——行为向量方法、行为向量与截断策略混合算法、抽样方法。三种方法的适用范围依次扩展,建模能力依次增强。本书各章节的结构框架如图 1.6 所示。

第 1 章是绪论,主要论述了多阶段任务系统可靠性分析的研究背景,研究意义,PMS 可靠性分析的国内外研究现状及创新点。

第 2 章详细论述了分析 PMS 可靠性的行为向量方法,它继承了经典模块化方法的优点——能够在分析可修部件的同时规避状态爆炸问题,在计算效率上比传统马尔可夫模型优势明显。行为向量方法相较于其他模块化方法的优点是它可应用于广义 PMS。

第 3 章详细论述了行为向量方法与截断策略混合算法。由于行为向量方法无法应用于包含大量阶段的 PMS,第 3 章提出了行为向量方法的改进算法,并引入截断策略来缓解计算量指数增长问题。加入截断策略后,算法可分析的阶段数明显增多。

第 4 章提出了全新的抽样方法,用于分析大规模可修 PMS 的可靠性。对于大规模可修 PMS,抽样方法比绝大部分解析方法都有计算效率上的优势,可应对 PMS 部件增多和阶段增多带来的问题。此外,抽样方法还避免了其他模块化方法无法分析"阶段内维修"的问题,模型假设更少。另外,第 4 章还提出了通过"离散

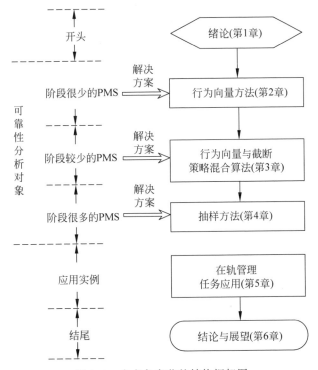

图 1.6　本书各章节的结构框架图

时间可用度"逼近 PMS 可靠度的求解思路。

第 5 章以航天测控系统为例,总结了航天测控系统可靠性的研究现状,并分别对单圈次和多圈次的卫星在轨管理任务建立了小型和大型 PMS 模型,通过实验对比了本书中三种解析方法和 Petri 网仿真方法的计算效率。

第 6 章对全书的研究工作进行总结,并提出了今后值得研究的一些相关方向。

1.3.2　主要创新点

从近年 PMS 可靠性领域的文献不难发现,将多种解析方法结合起来是一个非常有价值的研究方向。本书在 BDD 和马尔可夫模型的基础上,设计并实现了三种 PMS 可靠性分析方法,其中主要创新点可概括为以下四点。

(1) 设计并实现了可应用于广义可修 PMS 的行为向量方法,并且规避了状态爆炸问题。相较于传统的马尔可夫链方法,行为向量方法的运算耗时更少,占用内存更低,它缓解了状态爆炸问题,在分析部件较多的 PMS 时优势明显;相较于经典模块化方法,行为向量方法的创新点在于它考虑了组合阶段需求,可应用于广义 PMS。

(2) 提出了降低行为向量方法计算量且精度可控的截断策略。截断策略允许行为向量方法忽略大批权重低的计算节点,从而提高计算效率,降低内存消耗。通过加入截断策略,改进后的行为向量方法可适用于包含更多阶段的 PMS。此外,截断策略采用递减的截断阈值,使截断误差直接控制在预定参数下,避免了经典截断方法中探讨误差的繁琐步骤。

(3) 设计并实现了分析大规模可修 PMS 可靠性的抽样方法。抽样方法的最主要优势在于算法的时间和空间(内存)消耗较低,它可有效分析含大量阶段和大量可修部件的 PMS,当分析对象规模增长时,抽样算法运算量不会呈指数增长。抽样方法可以分析包含上千阶段的 PMS,而其他绝大多数模块化均不具备这种运算能力。

(4) 构建了离散时间可用度的概念,并提出了一种用离散时间可用度逼近系统可靠度的可靠性分析新方法。基于这种新的系统可靠性分析方法,抽样算法解决了传统模块化方法无法分析阶段内维修的问题。

综上所述,本书第 2~4 章提出了三种 PMS 可靠性分析方法——行为向量方法、行为向量与截断策略混合算法、抽样方法,这三种方法均可分析可修部件,并都能避免状态爆炸问题。对于含大量阶段的 PMS,三种解析方法的分析能力依次增强,内存占用依次降低,实验证明抽样方法是分析大型可修 PMS 主要的解析方法之一。

第2章

PMS可靠性分析的行为向量方法

1.2节国内外研究综述指出,分析可修PMS可靠性的解析方法主要分为两类:第一类为基于CTMC的马尔可夫模型,第二类为结合BDD与CTMC的模块化方法。由于模块化方法可有效缓解状态爆炸问题,因此在近年的可靠性文献中被广泛采用。本章首先介绍一种经典的模块化方法——Wang-Modular算法,而后提出一种新的模块化方法——行为向量方法。

本章提出的行为向量方法继承了Wang-Modular算法的优点——算法不仅考虑了可修部件,还能有效缓解状态爆炸问题。与Wang-Modular算法不同的是,行为向量方法的适用范围更广,它可应用于广义多阶段任务系统(generalized phased mission systems,GPMS)。行为向量概念易于理解,能避免经典模块化方法中涉及的BDD变量排序难题,模型复杂度低,编程实现容易。

本章首先介绍可靠性模块化经典方法中的Wang-Modular算法,目前有多篇重要文献中的算法基于该算法改进而来;其次,考虑到行为向量方法可应用于GPMS,介绍GPMS的概念及其工程背景,并提出"系统行为向量"和"部件行为向量"的概念,它们是算法规避状态爆炸问题的关键;再次,描述行为向量方法的运算步骤、模型假设和适用范围;最后,结合两个工程实例分析行为向量方法的计算效率和优缺点,并与传统马尔可夫模型和Wang-Modular算法进行对比。

2.1 经典模块化方法简介

模块化方法被定义为结合马尔可夫模型和组合模型的PMS可靠性分析方法[86]。国内外研究现状指出,马尔可夫模型擅于描述部件的可修性,但其缺陷在于状态爆炸问题。组合模型的优点在于其规避了状态爆炸问题,但它难以分析维修行为对系统可靠性的影响。学者提出模块化方法的目标是结合马尔可夫模型和组合模型各自的优点,在分析可修部件的同时规避状态爆炸问题,以便评估大型可修PMS的可靠性。

　　通常,模块化方法一方面利用组合模型来描述不同阶段间的状态转移关系,另一方面通过 CTMC 描述部件故障和修复的概率。因为组合模型贯穿了各个阶段,因此被认为是高层模型(high-level model);而 CTMC 具体描述各部件具体的行为和状态,因此被认为是低层模型(low-level model);所以,模块化方法又称为层次化方法。

　　本节介绍的经典模块化方法是由 Wang 等[87] 在 2007 年提出的,一般称其为 Wang-Modular 算法,Shrestha 等[88] 于 2011 年将该方法进一步推广应用于多状态部件。Wang-Modular 算法结合 BDD 和 CTMC,通过 BDD 描述跨阶段依赖关系,并通过 CTMC 分析设备的可维修性。Wang-Modular 算法是首个考虑大量可修部件的 PMS 可靠性分析方法。

　　考虑到行为向量方法在计算复杂度上等同于 Wang-Modular 算法,有必要对 Wang-Modular 算法的运算步骤进行简要介绍。该算法运用了 BDD 中的向下运算策略,该策略主要分为以下三个步骤。

　　步骤 1　生成各阶段的 BDD,然后融合生成整个 PMS 的 BDD。

　　步骤 2　找出 BDD 中从根节点到节点 1 的所有通路,计算每条通路的概率。

　　步骤 3　对所有通路的概率求和,得出 PMS 的可靠度。

　　考虑一个两阶段、两部件(A、B)的 PMS,系统的可靠性逻辑函数可表示为

$$\Phi = (A_1 + B_1) \cdot (A_2 \cdot B_2) \tag{2.1}$$

式中,A_1、A_2 分别为部件 A 在阶段 1、阶段 2 的状态;B_1、B_2 同理;线段上 1 表示部件良好,0 表示部件失效。首先,Wang-Modular 算法通过 BDD 融合机制建立整个 PMS 的 BDD,如图 2.1 所示。

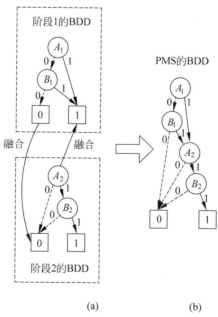

图 2.1　Wang-Modular 算法通过 BDD 融合机制建立

(a) 两阶段的独立二元决策树;(b) 合并后的二元决策树

然后,向下运算策略遍历 BDD,找出从顶节点到吸收节点 1 的所有通路,包括:

$$\text{path}_1 = (A_1 \text{ 良好}, A_2 \text{ 良好}, B_2 \text{ 良好})$$

$$\text{path}_2 = (A_1 \text{ 失效}, B_1 \text{ 良好}, A_2 \text{ 良好}, B_2 \text{ 良好})$$

其中,path_1 和 path_2 表示多阶段图 2.1(b)中从顶点到底部节点 1(表示成功)的两条路径。而后根据部件 A、B 的 CTMC,计算通路 path_1 和 path_2 的概率。例如,对于通路 path_1,要求部件 A 在阶段 1 和阶段 2 保持良好,且设备 B 在阶段 2 保持良好(未要求部件 B 在阶段 1 的状态)。因此 path_1 的概率 $\Pr\{\text{path}_1\}$ 可表示为

$$\Pr\{\text{path}_1\} = (\boldsymbol{v}_0^{(A)} \cdot \boldsymbol{U}_1^{(A)} \cdot \boldsymbol{U}_2^{(A)} \cdot (1,1)') \cdot (\boldsymbol{v}_0^{(B)} \cdot \boldsymbol{E}_1^{(B)} \cdot \boldsymbol{U}_2^{(B)} \cdot (1,1)')$$

$$(2.2)$$

式中,$\boldsymbol{v}_0^{(A)}$ 表示部件 A 的初始状态概率向量,假设 A 是初始完好的两状态部件,则 $\boldsymbol{v}_0^{(A)} = (1,0)$。

根据连续时间马尔可夫链理论,式中初始状态概率向量 $\boldsymbol{v}_0^{(A)}$ 可通过式(2.3)展开,即

$$\boldsymbol{v}_i^{(k)} = \boldsymbol{v}_{i-1}^{(k)} \cdot \boldsymbol{C}_i^{(k)} = \cdots = \boldsymbol{v}_0^{(k)} \cdot \prod_{j=1}^{i} \boldsymbol{C}_j^{(k)} \qquad (2.3)$$

式中,转移概率矩阵 $\boldsymbol{C}_i^{(k)}$ 可表示为

$$\boldsymbol{C}_i^{(k)} = \begin{cases} \boldsymbol{E}_i^{(k)}, & \text{如果设备 } k \text{ 在阶段 } i \text{ 的状态无关紧要} \\ \boldsymbol{U}_i^{(k)}, & \text{如果设备 } k \text{ 在阶段 } i \text{ 一直可用} \\ \boldsymbol{D}_i^{(k)}, & \text{如果设备 } k \text{ 在阶段 } i \text{ 出现故障} \end{cases} \qquad (2.4)$$

根据连续时间马尔可夫链理论,矩阵 $\boldsymbol{E}_i^{(k)}$ 可描述为

$$\boldsymbol{E}_i^{(k)} = \exp\left(\begin{bmatrix} -\lambda_i^{(k)} & \lambda_i^{(k)} \\ \mu_i^{(k)} & -\mu_i^{(k)} \end{bmatrix} \cdot T_i \right) \qquad (2.5)$$

矩阵 $\boldsymbol{U}_i^{(k)}$、$\boldsymbol{D}_i^{(k)}$ 的具体形式详见文献[87-89],部件 A 的 CTMC 如图 2.2 所示。

最后,Wang-Modular 算法将不同通路的概率相加,得到 PMS 的可靠度,即

$$R_{\text{PMS}} = \sum_k \Pr\{\text{path}_k\} \qquad (2.6)$$

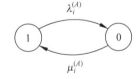

图 2.2 两状态部件 A 的 CTMC

Wang-Modular 算法的主要优点是规避了状态爆炸问题。事实上,Wang-Modular 算法耗时和内存占用量与合成后 BDD 的规模成正比。根据决策图理论[41],决策图的规模不会随部件增多而指数增长,因此相较于传统的马尔可夫模型,Wang-Modular 算法可分析含更多部件的 PMS,这是 Wang-Modular 算法优于传统马尔可夫模型最显著的特点。

但是,Wang-Modular 算法也存在一定缺陷,这主要包括以下几点:

（1）在计算效率上，随着 PMS 阶段增多，BDD 规模会呈指数级别增长。

（2）在模型直观性上，Wang-Modular 算法的设计原理难以理解。

实验例证指出，当部件增多时，系统 BDD 规模的增长速度比指数增长慢，但比线性增长快[41]，如图 2.3 所示。然而当阶段增多时，系统 BDD 的规模会无可避免地呈指数增长，该问题是由 BDD 生成算法导致的，Wang- Modular 算法目前无法规避此问题。

图 2.3　PMS 规模增大时 Wang-Modular 算法耗时

（a）部件增多时；（b）阶段增多时

Wang-Modular 算法的分析对象是传统 PMS，即传统的 PMS 假设各阶段的任务都成功，总任务才成功，该方法并未推广应用到广义多阶段任务系统中。然而，广义多阶段任务系统允许某些阶段出现失败，某些局部阶段的失败不一定导致整体任务失败。事实上，由于广义多阶段任务系统的二元决策图无法用子阶段二元决策图融合生成（但可以通过特定序贯策略生成），所以 Wang-Modular 算法应用在广义多阶段任务系统还有一定的难度。2.2 节将介绍广义多阶段任务系统的概念和例子，为介绍"行为向量方法"做出铺垫。行为向量方法在计算效率上等同于 Wang-Modular 算法，但它能够直观地应用于广义多阶段任务系统，而且行为向量方法容易理解，也更加直观。

2.2　广义 PMS 的概念和背景

在介绍行为向量方法之前，有必要先了解广义多阶段任务系统的定义及其工程背景。在传统 PMS 模型中，总任务成功要求各阶段子任务都执行成功，也就是说，只要各阶段子任务有一个执行失败，总任务即视为失败。然而在工程实际中，系统通常允许某些非关键阶段的任务执行失败，也就是说，不同阶段任务的成败通过一个特定的逻辑关系组合成整体任务的成败，这种逻辑组合关系称为组合阶段需求（combinatorial phase requirement，CPR）[55]。

CPR 可以用故障树来表示，phase-OR 表示各阶段任务故障的或门，phase-

AND 表示各阶段任务故障的与门。传统 PMS 的定义要求系统的 CPR 等于
phase-OR,如图 2.4 所示。

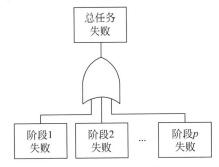

图 2.4   组合阶段需求(CPR)的故障树表示方法

GPMS 被定义为考虑 CPR 的多阶段任务系统,其概念由 Xing 等[55]在 2001 年提
出。传统 PMS 可以被认为是 GPMS 在 CPR = phase-OR 的特殊情形,这也是
GPMS 名称的由来。

GPMS 在各个领域都有广泛应用。例如,在航天通信领域,假设一个测控任务
要求某地面站对卫星在 24h 内完成一次测控。设该卫星在 24h 内两次飞临地面
站,地面站有两次机会完成测控任务,只要其中任意一次测控成功,则视为任务完
成。在这个 GPMS 中,两测控阶段的逻辑关系式是 phase-AND,如图 2.5 所示。

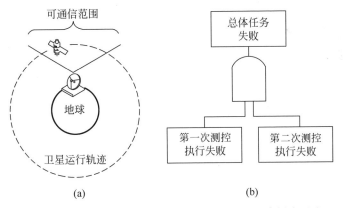

图 2.5   卫星测控任务的案例图与对应的任务故障树表示法
(a)案例图;(b)任务故障树

另外考虑一个卫星跟踪并拍摄某目标,并在拍摄后传回数据的任务。在卫星
跟踪拍摄阶段,系统必须实时完成跟踪任务,一旦跟踪失败,则视为整体任务失败。
数据回传任务可以在两个通信时段内完成,只要其中任意时段完成数据回传,则视
为数据回传任务完成。在这个 GPMS 中,三阶段的逻辑关系式,如图 2.6 所示。

从上述两个 GPMS 的例子不难发现:在真实的工程应用中,如果系统存在备

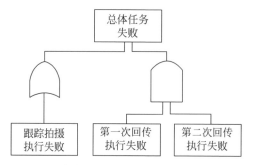

图 2.6　卫星跟踪拍摄并回传任务的组合阶段需求(CPR)

份阶段,这个系统就可以被描述为 GPMS。备份阶段存在的意义类似于备份设备,是为了增强多阶段任务系统的可靠性而设立的。

分析 GPMS 可靠性的文献[36,38,55]主要采用了决策图理论。2.1 节指出,Wang-Modular 算法难以应用于 GPMS,是因为 GPMS 无法用 BDD 融合机制直接生成。为 GPMS 生成 BDD 须求助于较复杂的 BDD 生成算法,这增加了模型编程实现的难度,针对该问题 2.3 节将着重介绍"行为向量方法",行为向量方法直观地引入了"系统行为"和"部件行为"的概念,这些概念能够直观地应用于 GPMS,规避了复杂而繁琐的 BDD 最优节点排序问题。

2.3　行为向量的概念和意义

本节提出两个新的可靠性概念——"系统行为向量"和"部件行为向量"。系统行为向量(system behavior vector,SBV)描述了系统在各个阶段的状态,而部件行为向量(component behavior vector,CBV)描述了单独某个部件在各阶段的状态。本节结合具体实例,详细介绍 SBV 和 CBV 的用途及表示方式。

2.3.1　系统行为向量

在介绍系统行为向量之前,首先定义系统在阶段 i 的行为 b_i。

$$b_i = \begin{cases} 1, & \text{如果任务在阶段 } i \text{ 成功} \\ 0, & \text{如果任务在阶段 } i \text{ 失败} \\ e, & \text{任务在阶段 } i \text{ 既可能成功也可能失败} \\ r, & \text{如果在阶段 } i \text{ 没有安排任务} \end{cases} \tag{2.7}$$

式中,1 表示系统在阶段 i 的任务执行成功;0 表示阶段 i 的任务执行失败;e 表示系统在阶段 i 的任务既可能成功,也可能失败,也就是说,$e=0$ 或 1(本章使用符号 e 的目的是简化算法,减少 SBV 的数量);r 表示系统在阶段 i 处于空闲状态,不需要执行任务。

对于一个包含 p 个阶段的 GPMS，p 元组 $(b_1,b_2,\cdots,b_p)$ 表示了系统从第一阶段(阶段 1)到最末阶段(阶段 p)的一连串行为。在所有这些 p 元组中，只有其中一部分可使总任务成功，我们称这一部分 p 元组为"系统行为向量"。换句话说，系统行为向量 SBV 是指系统从第一阶段(阶段 1)到最末阶段(阶段 p)的一组特定行为，这一组特定的行为使总任务成功，即

$$\text{SBV} = (b_1,b_2,\cdots,b_p), \quad (b_1,b_2,\cdots,b_p) \text{ 使总任务成功} \tag{2.8}$$

从 SBV 的定义不难发现，每一个 SBV 表示系统完成总任务的一种方式。在传统 PMS 中，每个阶段的子任务必须全部成功执行，总任务才算成功，因此对于传统 PMS，系统行为向量必然是

$$\text{SBV}_{\text{传统PMS}} = (1,1,\cdots,1) \tag{2.9}$$

GPMS 允许局部阶段的任务执行失败。因此，GPMS 的 SBV 包含除 $(1,1,\cdots,1)$ 外更多的向量。例如，考虑 2.2 节中的卫星测控任务，地面测控系统按时间顺序依次在卫星可视第一圈和第二圈时间段内执行测控任务，两阶段的测控任务是备份关系(CPR＝phase-AND)。系统完成任务可能包含三种模式——两圈测控均成功、只有第一圈测控成功、只有第二圈测控成功。因此系统行为向量可表示为

$$\begin{aligned} \text{SBV}_1 &= (1,1) \\ \text{SBV}_2 &= (1,0) \\ \text{SBV}_3 &= (0,1) \end{aligned} \tag{2.10}$$

为了简化系统行为向量，用符号"e"代替符号"1"和符号"0"。于是，式(2.10)中的三个系统行为向量可简化为两个，即

$$\begin{aligned} \text{SBV}_1 &= (1,e) \\ \text{SBV}_2 &= (0,1) \end{aligned} \tag{2.11}$$

另外，考虑 2.2 节中的卫星跟踪回传任务，设跟踪拍摄任务为阶段 1，数据回传任务为阶段 2 和阶段 3，该 GPMS 的系统行为向量可表示为

$$\begin{aligned} \text{SBV}_1 &= (1,1,e) \\ \text{SBV}_2 &= (1,0,1) \end{aligned} \tag{2.12}$$

概括来说，系统行为向量的生成方式有以下两种。

(1) 枚举所有的系统行为向量，然后通过符号 e 减少系统行为向量的个数。

(2) 通过类似 BDD 的方式生成系统行为向量。

显然枚举所有的策略非常繁琐，这里介绍类似 BDD 的 SBV 生成算法。首先根据组合阶段需求，生成各阶段系统行为的二元决策图。以 2.2 节的卫星跟踪回传任务为例，首先根据 CPR 的故障树生成对应的决策图，而后枚举 CPR 决策图如图 2.7 所示，从顶节点到吸收节点"总任务成功"的所有通路，每条通路对应了一个 SBV。

本章引入系统行为向量的意义在于将总任务成功分解为各个阶段的系统行

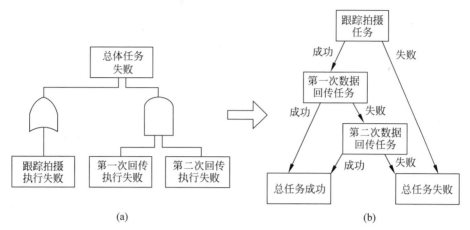

图 2.7　组合阶段需求的决策图表示方法

(a) 卫星任务故障树；(b) 卫星任务二元决策图

为。通过 SBV 计算 GPMS 可靠度的思路是：首先计算各 SBV 的概率（通过行为向量来计算），而后再求和得到 GPMS 的可靠度。2.3.2 节介绍部件行为及其向量的概念和意义。

2.3.2　部件行为描述

首先定义部件 k 在阶段 i 的行为 $\boldsymbol{C}_i^{(k)}$：

$$
\boldsymbol{C}_i^{(k)} = \begin{cases}
\boldsymbol{U}_i^{(k)}, & \text{如果部件 } k \text{ 在阶段 } i \text{ 一直可用} \\
\boldsymbol{D}_i^{(k)}, & \text{如果部件 } k \text{ 在阶段 } i \text{ 出现故障} \\
\boldsymbol{E}_i^{(k)}, & \text{如果部件 } k \text{ 在阶段 } i \text{ 既可能失效，也可能良好} \\
\boldsymbol{I}, & \text{如果部件 } k \text{ 在阶段 } i \text{ 的状态保持不变（冻结）} \\
\boldsymbol{R}_i^{(k)}, & \text{如果部件 } k \text{ 在阶段 } i \text{ 不会损坏（保持可用，或继续维修）}
\end{cases} \tag{2.13}
$$

式中，各个黑体符号均表示矩阵。矩阵 $\boldsymbol{U}_i^{(k)}$、$\boldsymbol{D}_i^{(k)}$、$\boldsymbol{E}_i^{(k)}$ 在 Wang-Modular 算法中已经提出。矩阵 $\boldsymbol{U}_i^{(k)}$ 表示部件 k 在阶段 i 必须一直保持可用；矩阵 $\boldsymbol{D}_i^{(k)}$ 表示部件 k 在阶段 i 至少发生了一次故障。

矩阵 $\boldsymbol{E}_i^{(k)}$ 表示 $\boldsymbol{U}_i^{(k)}$ 和 $\boldsymbol{D}_i^{(k)}$ 同时出现的情形。对于两状态部件 k，上述矩阵的定义如下：

$$
\begin{aligned}
\boldsymbol{E}_i^{(k)} &= \exp\left(\begin{bmatrix} -\lambda_i^{(k)} & \lambda_i^{(k)} \\ \mu_i^{(k)} & -\mu_i^{(k)} \end{bmatrix} \cdot T_i \right) \\
\boldsymbol{U}_i^{(k)} &= \exp\left(\begin{bmatrix} -\lambda_i^{(k)} & \lambda_i^{(k)} \\ 0 & 0 \end{bmatrix} \cdot T_i \right) \cdot \begin{bmatrix} 1 & 0 \\ 0 & 0 \end{bmatrix} \\
\boldsymbol{D}_i^{(k)} &= \boldsymbol{E}_i^{(k)} - \boldsymbol{U}_i^{(k)}
\end{aligned} \tag{2.14}
$$

式中,参数 $\lambda_i^{(k)}$ 和 $\mu_i^{(k)}$ 分别表示部件 k 在阶段 i 的失效率和维修率;参数 T_i 表示阶段 i 的持续时间。

由于 $\lambda_i^{(k)}$、$\mu_i^{(k)}$、T_i 均为常数,所以相应的马尔可夫链模型为时间齐次的马尔可夫链。如果部件 k 为三状态部件,则矩阵 $E_i^{(k)}$、$U_i^{(k)}$、$D_i^{(k)}$ 的定义如下:

$$E_i^{(k)} = \exp\left(\begin{bmatrix} -2\lambda_i^{(k)} & 2\lambda_i^{(k)} & 0 \\ \mu_i^{(k)} & -(\mu_i^{(k)}+\lambda_i^{(k)}) & \lambda_i^{(k)} \\ 0 & 2\mu_i^{(k)} & -2\mu_i^{(k)} \end{bmatrix} \cdot T_i \right)$$

$$U_i^{(k)} = \exp\left(\begin{bmatrix} -2\lambda_i^{(k)} & 2\lambda_i^{(k)} & 0 \\ \mu_i^{(k)} & -(\mu_i^{(k)}+\lambda_i^{(k)}) & \lambda_i^{(k)} \\ 0 & 0 & 0 \end{bmatrix} \cdot T_i \right) \cdot \begin{bmatrix} 1 & 0 & 0 \\ 0 & 1 & 0 \\ 0 & 0 & 0 \end{bmatrix} \quad (2.15)$$

$$D_i^{(k)} = E_i^{(k)} - U_i^{(k)}$$

式中,矩阵 $R_i^{(k)}$ 和 I 是行为向量方法新增的矩阵,它们并未出现在 Wang-Modular 算法中;$R_i^{(k)}$ 表示部件 k 在阶段 i 无法"继续"损坏——它可以继续保持可用状态,也可以在损坏后继续之前的修复工作。

在系统的某些阶段,一些部件可能出现空闲情形。在维修资源充足的情况下,空闲部件的行为可用矩阵 $R_i^{(k)}$ 表示,具体来说,两状态部件和三状态部件的矩阵 $R_i^{(k)}$ 分别表示为

$$R_i^{(k)} = \exp\left(\begin{bmatrix} 0 & 0 \\ \mu_i^{(k)} & -\mu_i^{(k)} \end{bmatrix} \cdot T_i \right) \cdot \begin{bmatrix} 1 & 0 \\ 0 & 0 \end{bmatrix} \quad (2.16)$$

$$R_i^{(k)} = \exp\left(\begin{bmatrix} 0 & 0 & 0 \\ \mu_i^{(k)} & -\mu_i^{(k)} & 0 \\ 0 & 2\mu_i^{(k)} & -2\mu_i^{(k)} \end{bmatrix} \cdot T_i \right) \cdot \begin{bmatrix} 1 & 0 & 0 \\ 0 & 0 & 0 \\ 0 & 0 & 0 \end{bmatrix} \quad (2.17)$$

单位矩阵 I 表示部件 k 在阶段 i 的状态保持不变,这意味着部件 k 在阶段 i 处于完全搁置的状态——完好的保持完好,失效的继续失效。通常,在维修资源须谨慎使用的情况下,空闲部件的行为可用矩阵 I 表示。两状态部件的矩阵 I 表示为

$$I = \begin{pmatrix} 1 & 0 \\ 0 & 1 \end{pmatrix} \quad (2.18)$$

部件行为 $C_i^{(k)}$ 的一个重要用途是作为转移速率矩阵。对于初始良好的两状态部件 k,其初始状态概率向量 $v_0^{(k)} = (1,0)$。根据连续时间马尔可夫链理论,在运行若干阶段后,部件 k 的状态概率向量 $v_i^{(k)}$ 为

$$v_i^{(k)} = v_{i-1}^{(k)} \cdot C_i^{(k)} = \cdots = v_0^{(k)} \cdot \prod_{j=1}^{i} C_j^{(k)} \quad (2.19)$$

2.3.3节将各个部件的行为 $C_i^{(k)}$ 串联起来组成向量,来描述部件组合行为衍生的系统行为。

2.3.3 部件行为向量

2.3.2 节指出,系统行为向量须进一步分解为部件行为,才能结合马尔可夫链理论计算其概率。设系统包含 n 个部件,现将所有部件的行为组合起来,n 元组 $(\boldsymbol{C}_i^{(1)},\boldsymbol{C}_i^{(2)},\cdots,\boldsymbol{C}_i^{(n)})$ 表示所有部件在阶段 i 的行为。在所有 $(\boldsymbol{C}_i^{(1)},\boldsymbol{C}_i^{(2)},\cdots,\boldsymbol{C}_i^{(n)})$ 中,只有一小部分 $(\boldsymbol{C}_i^{(1)},\boldsymbol{C}_i^{(2)},\cdots,\boldsymbol{C}_i^{(n)})$ 对应于给定的系统行为,我们将这些 n 元组称为阶段 i 的部件行为向量 CBV_i,即

$$\mathrm{CBV}_i=(\boldsymbol{C}_i^{(1)},\boldsymbol{C}_i^{(2)},\cdots,\boldsymbol{C}_i^{(n)}),\quad (\boldsymbol{C}_i^{(1)},\boldsymbol{C}_i^{(2)},\cdots,\boldsymbol{C}_i^{(n)}) \text{ 对应给定的系统行为 } b_i$$
$$(2.20)$$

从 CBV_i 的定义不难发现,CBV_i 是全部部件行为组合的一小部分,因此,单独某个阶段下所有 CBV_i 的概率和应小于 1,即

$$\sum_i \Pr\{\mathrm{CBV}_i\}<1 \qquad (2.21)$$

CBV_i 概率的定义将在 2.4 节详细介绍。

推导 CBV 的方法类似于 SBV 的推导方法,即在给定系统行为 b_i 后,通过 BDD 结构枚举从根节点到吸收节点的通路,每条通路对应于一个 CBV。对于简单的部件串联、并联结构,其部件行为向量如表 2.1 所示。

表 2.1　部件行为向量与系统行为的对应关系

阶 段		阶段 i 的系统行为	对应的部件行为向量
1	C_1 C_2	e	$(\boldsymbol{E}_i^{(1)},\boldsymbol{E}_i^{(2)})$
		1	$(\boldsymbol{U}_i^{(1)},\boldsymbol{E}_i^{(2)})$ 和 $(\boldsymbol{D}_i^{(1)},\boldsymbol{U}_i^{(2)})$
		0	$(\boldsymbol{D}_i^{(1)},\boldsymbol{D}_i^{(2)})$
2	C_1—C_2	e	$(\boldsymbol{E}_i^{(1)},\boldsymbol{E}_i^{(2)})$
		1	$(\boldsymbol{U}_i^{(1)},\boldsymbol{U}_i^{(2)})$
		0	$(\boldsymbol{U}_i^{(1)},\boldsymbol{D}_i^{(2)})$ 和 $(\boldsymbol{D}_i^{(1)},\boldsymbol{E}_i^{(2)})$

从表 2.1 不难发现,当系统行为任意时(符号 e 表示),对应的 CBV 均为 $\boldsymbol{E}_i^{(k)}$ 矩阵。而当任务成功时(符号 1 表示),需要图 2.8 枚举的 BDD 中从根节点到节点 1 的通路,以便求出表 2.1 的 CBV。

考虑如表 2.2 所示的传统 PMS。系统在阶段 1 必须成功完成任务(即 $b_1=1$),构建系统在阶段 1 的 BDD 并枚举从根节点到节点 1 的所有通路,可得到阶段 1 的两个部件行为向量,即

$$\mathrm{CBV}_1^{(1)}=(\boldsymbol{U}_1^{(a)},\boldsymbol{U}_1^{(b)},\boldsymbol{E}_1^{(c)}),\quad \mathrm{CBV}_1^{(2)}=(\boldsymbol{U}_1^{(a)},\boldsymbol{D}_1^{(b)},\boldsymbol{U}_1^{(c)}) \qquad (2.22)$$

由于部件 d 在阶段 1 未使用,因此部件 d 不会失效,因此在上述 CBV 的尾部添加单位矩阵表示部件 d 在阶段 1 的行为,即

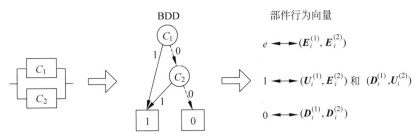

图 2.8　部件行为向量的生成机制

$$\text{CBV}_1^{(1)} = (\boldsymbol{U}_1^{(a)}, \boldsymbol{U}_1^{(b)}, \boldsymbol{E}_1^{(c)}, \boldsymbol{I}), \quad \text{CBV}_1^{(2)} = (\boldsymbol{U}_1^{(a)}, \boldsymbol{D}_1^{(b)}, \boldsymbol{U}_1^{(c)}, \boldsymbol{I}) \quad (2.23)$$

表 2.2　一个传统 PMS 例子及其 SBV 和 CBV

系 统 构 成	系 统 行 为	部件行为向量
1 　部件 d 不失效	1	$(\boldsymbol{U}_1^{(a)}, \boldsymbol{U}_1^{(b)}, \boldsymbol{E}_1^{(c)}, \boldsymbol{I})$ 和 $(\boldsymbol{U}_1^{(a)}, \boldsymbol{D}_1^{(b)}, \boldsymbol{U}_1^{(c)}, \boldsymbol{I})$
2 　部件 a、b 保持原状	1	$(\boldsymbol{I}, \boldsymbol{I}, \boldsymbol{U}_2^{(c)}, \boldsymbol{U}_2^{(d)})$

从 CBV 的生成机制可以看出,一个 CBV 必定对应于一个 SBV,而一个 SBV 可能对应于多个 CBV。2.4 节将介绍基于行为向量的 GPMS 可靠性分析方法。

2.4　基于行为向量的可修 GPMS 可靠性分析算法

2.4.1　算法描述

2.3 节指出,每一个系统行为向量表示任务成功的一种模式,因此 GPMS 可靠度等于所有系统行为向量的概率之和。总结来说,带有可修部件的 GPMS 可靠度计算方法可总结为以下四个步骤。

步骤 1　根据 GPMS 的组合逻辑关系,生成系统行为向量。

步骤 2　针对给定的系统行为向量,生成对应的部件行为向量。

步骤 3　基于部件行为向量,计算系统行为向量的概率。

步骤 4　对所有系统行为向量的概率求和,得到 GPMS 的可靠性。

基于 2.3.2 节~2.3.3 节提出的 SBV 和 CBV 的具体生成机制(步骤 1 和步骤 2),本节主要介绍 SBV 概率(步骤 3)的计算方法。

首先,算法需要枚举连通第一阶段(阶段 1)CBV_1 到最后阶段(阶段 p)CBV_p 的所有通路。例如,表 2.3 的粗指针线表示了连通 $\text{CBV}_1^{(1)}$,$\text{CBV}_2^{(1)}$,$\cdots$,$\text{CBV}_p^{(1)}$ 的一条通路,这里 $\text{CBV}_i^{(j)}$ 表示阶段 i 的第 j 个部件行为向量。

表 2.3　连通部件行为向量的通路

系统行为向量	阶段 1	阶段 2	$\cdots$	阶段 p
	b_1	b_2	$\cdots$	b_p
部件行为向量	$\text{CBV}_1^{(1)}$　$\text{CBV}_1^{(2)}$　$\vdots$　$\text{CBV}_1^{(N_1)}$	$\text{CBV}_2^{(1)}$　$\text{CBV}_2^{(2)}$　$\vdots$　$\text{CBV}_2^{(N_2)}$	$\cdots$	$\text{CBV}_p^{(1)}$　$\text{CBV}_p^{(2)}$　$\vdots$　$\text{CBV}_p^{(N_p)}$

另外,算法定义通路向量 $\boldsymbol{A}^{(q)}$ 为每条通路对应的向量:

$$\boldsymbol{A}^{(q)} = \text{CBV}_1^{(m_1)} \odot \text{CBV}_2^{(m_2)} \odot \cdots \odot \text{CBV}_p^{(m_P)} \tag{2.24}$$

式中,符号"$\odot$"表示逐元素点乘运算,又称为哈达玛积(Hadamard product)[91]。

例如,考虑表 2.2 的 PMS,存在两条通路连通第一阶段(阶段 1)的 CBV 和最后阶段(阶段 p)的 CBV。两条通路对应的向量 $\boldsymbol{A}^{(q)}$ 可表示为

$$\begin{aligned}
\boldsymbol{A}^{(1)} &= \text{CBV}_1^{(1)} \odot \text{CBV}_2^{(1)} \\
&= (\boldsymbol{U}_1^{(a)}, \boldsymbol{U}_1^{(b)}, \boldsymbol{E}_1^{(c)}, \boldsymbol{I}) \odot (\boldsymbol{I}, \boldsymbol{I}, \boldsymbol{U}_2^{(c)}, \boldsymbol{U}_2^{(d)}) \\
&= (\boldsymbol{U}_1^{(a)}, \boldsymbol{U}_1^{(b)}, \boldsymbol{E}_1^{(c)} \boldsymbol{U}_2^{(c)}, \boldsymbol{U}_2^{(d)})
\end{aligned} \tag{2.25}$$

$$\begin{aligned}
\boldsymbol{A}^{(2)} &= \text{CBV}_1^{(2)} \odot \text{CBV}_2^{(1)} \\
&= (\boldsymbol{U}_1^{(a)}, \boldsymbol{D}_1^{(b)}, \boldsymbol{U}_1^{(c)}, \boldsymbol{I}) \odot (\boldsymbol{I}, \boldsymbol{I}, \boldsymbol{U}_2^{(c)}, \boldsymbol{U}_2^{(d)}) \\
&= (\boldsymbol{U}_1^{(a)}, \boldsymbol{D}_1^{(b)}, \boldsymbol{U}_1^{(c)} \boldsymbol{U}_2^{(c)}, \boldsymbol{U}_2^{(d)})
\end{aligned} \tag{2.26}$$

从 $\boldsymbol{A}^{(q)}$ 的定义不难发现,$\boldsymbol{A}^{(q)}$ 的每个元素是一个矩阵。设 $\boldsymbol{A}^{(q)} = (\boldsymbol{a}_1, \boldsymbol{a}_2, \cdots, \boldsymbol{a}_n)$,通路向量 $\boldsymbol{A}^{(q)}$ 的概率 $\text{Pr}\{\boldsymbol{A}^{(q)}\}$ 的计算公式定义为

$$\text{Pr}\{\boldsymbol{A}^{(q)}\} = (\boldsymbol{v}_0^{(1)} \cdot \boldsymbol{a}_1 \cdot \boldsymbol{i}^{\text{T}}) \cdot (\boldsymbol{v}_0^{(2)} \cdot \boldsymbol{a}_2 \cdot \boldsymbol{i}^{\text{T}}) \cdot \cdots \cdot (\boldsymbol{v}_0^{(n)} \cdot \boldsymbol{a}_n \cdot \boldsymbol{i}^{\text{T}}) \tag{2.27}$$

式中,$\boldsymbol{v}_0^{(k)}$ 是部件 k 的初始状态概率向量,若 k 是初始完好的两状态部件,则 $\boldsymbol{v}_0^{(k)} = (1, 0)$;$\boldsymbol{a}_k$ 是通路向量 $\boldsymbol{A}^{(q)}$ 的第 k 个元素;列向量 $\boldsymbol{i}^{\text{T}} = (1, 1)^{\text{T}}$ 用来将向量 $\boldsymbol{v}_0^{(k)} \cdot \boldsymbol{a}_k$ 转化为相应的数值。

当前系统行为向量的概率是所有通路向量概率的和,即

$$\text{Pr}\{\text{SBV}\} = \sum_q \text{Pr}\{\boldsymbol{A}^{(q)}\} \tag{2.28}$$

最后,整个 GPMS 的可靠度是所有系统行为向量的概率和,即

$$R_{\text{PMS}} = \sum_{j=1}^{M} \Pr\{\text{SBV}_j\} \tag{2.29}$$

式中,$\Pr\{\text{SBV}_j\}$ 表示系统行为向量 SBV_j 的概率,M 表示 GPMS 中系统行为向量的个数。

例如,表 2.2 对于的 PMS,系统行为向量只有 $(1,1)$(即 $M=1$),该系统可靠度可表示为

$$R_{\text{PMS}} = \Pr\{(1,1)\} = \Pr\{\boldsymbol{A}^{(1)}\} + \Pr\{\boldsymbol{A}^{(2)}\} \tag{2.30}$$

式中,$\Pr\{\boldsymbol{A}^{(1)}\}$ 和 $\Pr\{\boldsymbol{A}^{(2)}\}$ 的概率可通过式(2.27)计算。

总结来说,基于行为向量的可修 GPMS 可靠性分析方法可以简洁地概况为图 2.9。

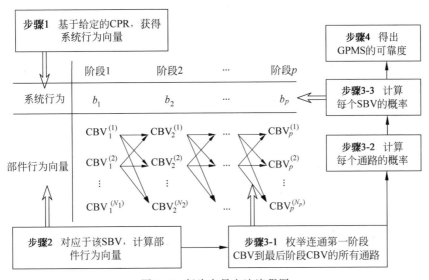

图 2.9 行为向量方法流程图

2.4.2 相关假设

本章提出的行为向量方法基于 CTMC 和 BDD 模型,属于模块化方法的一种,因此该方法包含了经典模块化方法的几个常见假设(即 2.3.2 节的假设)。总结起来,行为向量方法包含的所有假设有以下几点。

(1) PMS 的阶段持续时间固定不变。

(2) PMS 的阶段顺序固定不变。

(3) 各部件的失效行为和维修行为相互独立。

(4) 各部件的寿命和维修时间服从指数分布。

(5) 部件失效后,维修立刻展开,修复后的部件与新部件相同(完全维修)。

(6) 如果某失效部件修复成功,它需要等到下一阶段开始时才能被使用(即修复的部件无法在本阶段立即投入使用,必须等到下一阶段开始后才能用)。

假设(1)～(5)是大多数 PMS 模型的常用假设。如果系统中某些部件的行为并不独立,可以采用部件拆分法[4],或归结为共因失效问题[61]。假设(4)要求部件的寿命和维修时间服从指数分布,其目的是方便使用齐次连续时间马尔可夫链理论计算通路向量的概率。如果部件的寿命和维修时间服从一般分布,则需要用到烦琐的更新过程或马尔可夫再生过程理论,算法的计算效率将远低于仿真方法。

假设(5)要求部件维修无延迟,这一假设虽然表面上并不合理,但如果维修带有一定的延迟性,在系统建模时可以将延迟时间归并在维修率参数中——维修延迟越大,则维修耗时越长,维修率越低。可以说,假设(5)并不会对工程模型和算法结果产生实质性破坏。

然而,假设(6)只存在于行为向量算法、Wang-Modular 算法、Shrestha 算法中。这些方法的应用对象都是含有大量可修部件的 PMS,它们都是通过二元决策图来缓解状态爆炸问题。不难看出,假设(6)导致维修后的部件无法立刻投入使用,这使算法结果比真实 PMS 可靠度要低。为了降低假设(6)的负面影响,将 PMS 的每一个阶段强制拆分为多个阶段,特别是持续时间长的阶段应拆分得更细。考虑将一个两阶段的 PMS 拆分为四阶段的系统,CBV 间通道的数量将呈指数级增长,如图 2.10 所示。

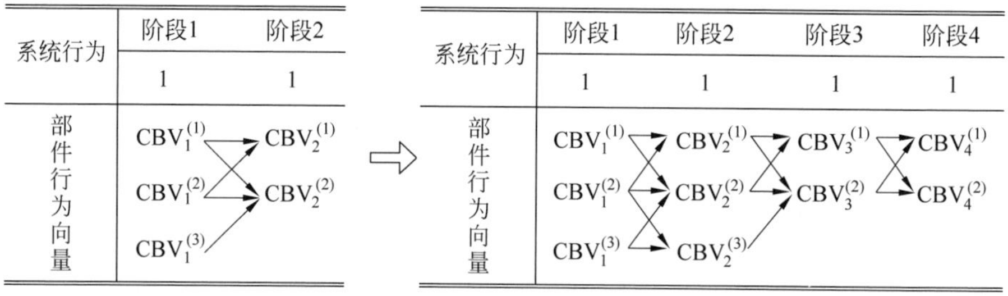

图 2.10 阶段拆分示意图

图 2.10 中系统行为 1 表示系统成功完成该阶段任务。通过将一个阶段拆分为(持续时间减半的)两个阶段,阶段持续时间将缩短,维修好的部件可以更快地投入使用,所以算法结果会增大且更接近于真实的系统可靠度。但相应的代价是连通 CBV 的通道数从 5 个增加为 140 个。在算法实际运行时,只要机器内存和计算时间在可承受范围内,为追求更高的精度,可以适当将一些阶段拆分,以降低假设(6)带来的影响。2.5 节的算例分析部分将结合具体实例定量地分析假设(6)及阶段拆分策略带来的影响。

2.4.3 计算复杂度与适用性分析

1. 算法复杂度

本节以一个包含 n 个两状态部件和 p 个阶段的传统 PMS 来分析行为向量方

法的计算复杂度。首先，Wang-Modular 算法（向下运算策略）的计算复杂度是 $\max\{O(np\cdot 2^3),O(N_{paths})\}^{[87]}$，其中 N_{paths} 是系统 BDD 通道的个数，$O(np\cdot 2^3)$ 是计算系统中所有马尔可夫链的总时间。在行为向量方法中，计算所有马尔可夫链的时间仍是 $O(np\cdot 2^3)$。假设算法模型中包含 M 个连通各阶段 CBV 的通路，那么行为向量方法的计算复杂度是 $\max\{O(np\cdot 2^3),O(M)\}$。事实上，对比两种算法不难发现 $N_{paths}=M$。也就是说，两种算法的计算复杂度相同。根据文献[71]，传统马尔可夫模型的算法复杂度是 $O((p\cdot 2^n)^3)$，所以，行为向量方法的计算复杂度远低于传统马尔可夫链算法的复杂度。

2. 算法适用性

总体来说，行为向量方法的主要优点包括以下几点。

（1）行为向量方法可应用于可修的广义多阶段任务系统。

（2）行为向量方法规避了选取最优 BDD 节点排序策略的问题，降低了建模与编程复杂度。

（3）类似于 Wang-Modular 算法，行为向量方法规避了状态爆炸问题，可分析含较多部件的 PMS。

（4）Wang-Modular 算法中的向下运算策略是行为向量方法应用于传统 PMS 的特例。

目前，绝大多数的 GPMS 可靠性分析文献是基于决策图的组合模型方法，主要由 Xing 和 Dugan 合作完成，包括二元决策图方法[36,55]、基于多状态二元决策图（multi-state binary decision diagrams，MBDD）[56] 和基于三元决策图的方法[38]。这些方法无法分析可修 GPMS，行为向量方法弥补了这一空白。

另外，如果要将上述决策图方法应用于可修 GPMS，则须针对该 GPMS 制定一个 BDD 节点排序策略（以缩减整个 GPMS 的 BDD 规模），然后再结合 Wang-Modular 算法的向上运算策略计算 GPMS 可靠性。但是，自动生成一个大型 BDD 并为其制定一个合适的 BDD 排序策略是比较困难的。行为向量方法规避了这一问题，这对于可操作性和实用性的提升有一定帮助。

2.1 节指出，规避状态爆炸问题是 Wang-Modular 算法的贡献之一。同样地，本章提出的行为向量方法也规避了状态爆炸问题，这是因为算法采用了 BDD 来缩减行为向量的个数，避免行为向量数量的指数增长。另外，由于 Wang-Modular 算法只能应用于传统 PMS，所以可以说 Wang-Modular 算法是向量方法的特例。

然而，行为向量方法也存在一些缺点和局限性，这主要体现在以下两方面。

（1）随着 PMS 阶段增多，行为向量方法的计算量将呈指数级增长。

（2）行为向量方法需作出"部件修复后，只能在新阶段开始后才重新使用"的假设（2.4.2 节）。事实上这一假设与工程实际并不吻合。

从通路向量的生成方式不难发现，对于某些结构复杂的 PMS，随着系统阶段增多，通路向量也会相应地指数级增多，也就是说，PMS 阶段增多将导致行为向量

方法计算量爆炸。这一问题可以通过截断(truncation)策略来弥补,本书将在第 3
章介绍截断策略与行为向量方法的结合算法,用以分析更大规模的可修 PMS。

由于二元决策图方法无法分析含可修设备的多阶段任务系统,阶段内的维修
和重用现象无法直接反映在二元决策图模型中,所以行为向量方法必须做出"部件
修复后不可立即使用"的假设,这一假设并不切合工程实际。对此,第 4 章提出了
抽样方法可以完全规避该假设。2.5 节将结合具体实例,进一步阐述行为向量方
法的计算步骤,并与经典的马尔可夫模型对比计算复杂度。

2.5 算例分析

本节结合两个具体的 PMS 实例分析行为向量方法的计算步骤和优缺点。第
一个算例在多篇论文[75-80]中反复出现,本节用该算例对比不同解析方法的精度和
运算效率。第二个算例是基于航天测控背景的广义多阶段任务系统,这个算例包
含了系统空闲阶段,在空闲阶段损坏部件可以修复。第二个算例无法直接套用传
统的马尔可夫模型或是 Wang-Modular 算法,本节采用行为向量方法计算了该算
例的可靠性。

2.5.1 经典的可修多阶段任务系统

第一个算例是一个传统 PMS,它出现在 Kim 等在 1994 年发表在期刊 *IEEE
Transaction on Reliability* 的文章中[75]。该系统包含 3 个阶段,阶段 1~3 的持续
时间分别是 $T_{阶段1}=1, T_{阶段2}=1, T_{阶段3}=2$。部件 $a \sim d$ 相互独立,它们的寿命和
维修时间服从指数分布,其失效率为 $\lambda_a=0.1, \lambda_b=0.2, \lambda_c=0.3, \lambda_d=0.4$;维修率
为 $\mu_a=0.2, \mu_b=0.3, \mu_c=0.4, \mu_d=0.5$。PMS 的系统结构如图 2.11 所示。

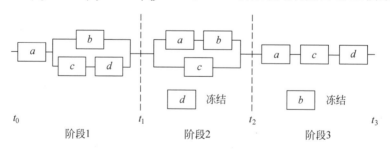

图 2.11 Kim 文章中提出的 PMS 系统结构图

对该算例,Kim 文章中提供的解法属于传统的马尔可夫模型——首先需要构
建一个复杂的 16×16 方阵作为转移速率矩阵,手动构建该矩阵比较复杂。Kim 的
文章算出该 PMS 的可靠度为 0.077(在第三阶段结束时)。而后,Alam 等[92]在
2006 年对该结果表示质疑并提出了一种错误的方法。随后,Murphy 等[76]指出了

Alam 的错误并提供了该 PMS 的仿真结果，Murphy 提供的仿真结果与 Kim 的解析结果一致。在模块化方法中，Wang-Modular 算法可分析该 PMS，其向下运算策略的计算效率与行为向量方法一致。

行为向量方法首先得出系统行为向量。因为这是一个传统的 PMS，系统行为向量应为

$$\text{SBV} = (1,1,1) \tag{2.31}$$

而后，生成各阶段的部件行为向量，如表 2.4 所示。

表 2.4 Kim 算例的部件行为向量

系统行为	阶段 1	阶段 2	阶段 3
	1	1	1
部件行为向量	$(\boldsymbol{U}_1^{(a)}, \boldsymbol{U}_1^{(b)}, \boldsymbol{E}_1^{(c)}, \boldsymbol{E}_1^{(d)})$ $(\boldsymbol{U}_1^{(a)}, \boldsymbol{D}_1^{(b)}, \boldsymbol{U}_1^{(c)}, \boldsymbol{U}_1^{(d)})$	$(\boldsymbol{E}_2^{(a)}, \boldsymbol{E}_2^{(b)}, \boldsymbol{U}_2^{(c)}, \boldsymbol{i})$ $(\boldsymbol{U}_2^{(a)}, \boldsymbol{U}_2^{(b)}, \boldsymbol{D}_2^{(c)}, \boldsymbol{i})$	$(\boldsymbol{U}_3^{(a)}, \boldsymbol{i}, \boldsymbol{U}_3^{(c)}, \boldsymbol{U}_3^{(d)})$

在表 2.4 中，共有 4 条连通 CBV_1、CBV_2、CBV_3 的通路，每条通路对应的通路向量为

$$\boldsymbol{A}^{(1)} = (\boldsymbol{U}_1^{(a)} \boldsymbol{E}_2^{(a)} \boldsymbol{U}_3^{(a)}, \boldsymbol{U}_1^{(b)} \boldsymbol{E}_2^{(b)}, \boldsymbol{E}_1^{(c)} \boldsymbol{U}_2^{(c)} \boldsymbol{U}_3^{(c)}, \boldsymbol{E}_1^{(d)} \boldsymbol{U}_3^{(d)}) \tag{2.32}$$

$$\boldsymbol{A}^{(2)} = (\boldsymbol{U}_1^{(a)} \boldsymbol{U}_2^{(a)} \boldsymbol{U}_3^{(a)}, \boldsymbol{U}_1^{(b)} \boldsymbol{U}_2^{(b)}, \boldsymbol{E}_1^{(c)} \boldsymbol{D}_2^{(c)} \boldsymbol{U}_3^{(c)}, \boldsymbol{E}_1^{(d)} \boldsymbol{U}_3^{(d)}) \tag{2.33}$$

$$\boldsymbol{A}^{(3)} = (\boldsymbol{U}_1^{(a)} \boldsymbol{E}_2^{(a)} \boldsymbol{U}_3^{(a)}, \boldsymbol{D}_1^{(b)} \boldsymbol{E}_2^{(b)}, \boldsymbol{U}_1^{(c)} \boldsymbol{U}_2^{(c)} \boldsymbol{U}_3^{(c)}, \boldsymbol{U}_1^{(d)} \boldsymbol{U}_3^{(d)}) \tag{2.34}$$

$$\boldsymbol{A}^{(4)} = (\boldsymbol{U}_1^{(a)} \boldsymbol{U}_2^{(a)} \boldsymbol{U}_3^{(a)}, \boldsymbol{D}_1^{(b)} \boldsymbol{U}_2^{(b)}, \boldsymbol{U}_1^{(c)} \boldsymbol{D}_2^{(c)} \boldsymbol{U}_3^{(c)}, \boldsymbol{U}_1^{(d)} \boldsymbol{U}_3^{(d)}) \tag{2.35}$$

PMS 的可靠度可通过下式计算

$$\text{Pr}\{(1,1,1)\} = \text{Pr}\{\boldsymbol{A}^{(1)}\} + \text{Pr}\{\boldsymbol{A}^{(2)}\} + \text{Pr}\{\boldsymbol{A}^{(3)}\} + \text{Pr}\{\boldsymbol{A}^{(4)}\} = 0.0775 \tag{2.36}$$

式中，$\text{Pr}\{\boldsymbol{A}^{(q)}\}$ 的计算公式参见式(2.27)。例如，$\boldsymbol{A}^{(1)}$ 的概率为

$$\text{Pr}\{\boldsymbol{A}^{(1)}\} = (\boldsymbol{v}_0^{(a)} \cdot \boldsymbol{U}_1^{(a)} \boldsymbol{E}_2^{(a)} \boldsymbol{U}_3^{(a)} \cdot \boldsymbol{i}^{\text{T}}) \cdot (\boldsymbol{v}_0^{(b)} \cdot \boldsymbol{U}_1^{(b)} \boldsymbol{E}_2^{(b)} \cdot \boldsymbol{i}^{\text{T}}) \cdot$$
$$(\boldsymbol{v}_0^{(c)} \cdot \boldsymbol{E}_1^{(c)} \boldsymbol{U}_2^{(c)} \boldsymbol{U}_3^{(c)} \cdot \boldsymbol{i}^{\text{T}}) \cdot (\boldsymbol{v}_0^{(d)} \cdot \boldsymbol{E}_1^{(d)} \boldsymbol{U}_3^{(d)} \cdot \boldsymbol{i}^{\text{T}})$$
$$= 0.0585 \tag{2.37}$$

$\boldsymbol{A}^{(2)}$、$\boldsymbol{A}^{(3)}$、$\boldsymbol{A}^{(4)}$ 概率的计算方法同理，分别为 $\text{Pr}\{\boldsymbol{A}^{(2)}\} = 0.0078$，$\text{Pr}\{\boldsymbol{A}^{(3)}\} = 0.0111$，$\text{Pr}\{\boldsymbol{A}^{(4)}\} = 6.97 \times 10^{-5}$。行为向量方法的计算结果几乎等同于传统马尔可夫模型结果，如图 2.12 所示。

从图 2.12 可以看出，行为向量方法的计算结果稍低于马尔可夫模型的计算结果，特别是在第二阶段时间[1,2]区间内，结果偏差比较明显，这一现象的原因是行为向量方法假定部件修复后无法立刻重用(只能在新阶段开始后才重新使用)。为了减少这一假设造成的影响，算法将每个阶段都平均拆分为多个阶段，相应的计算时间也有明显增长。例如，将每个阶段平均拆分为 4 个或 8 个阶段，行为向量方法重新对阶段拆分后的 PMS 计算结果，如图 2.13 所示。

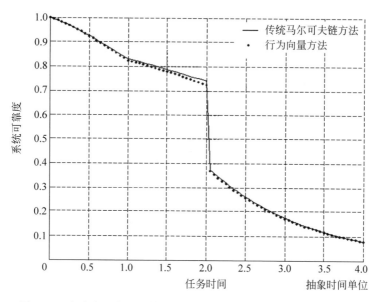

图 2.12　行为向量方法和传统马尔可夫模型对 Kim 算例的计算结果

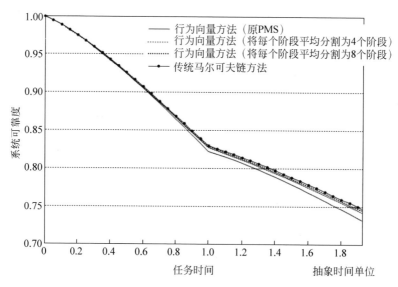

图 2.13　Kim 算例被阶段拆分后的行为向量方法运行结果

　　从图 2.13 可以看出,当每个阶段被分割后,修复部件可以更快地投入到新阶段重新使用,所以行为向量算法结果有所上升,更接近传统马尔可夫模型的结果。因为传统马尔可夫模型不含 2.4.2 节的假设(6),其结果为精确结果。从图 2.13 还可以看出,当每个阶段被分割为 8 个阶段时,两种方法的计算结果只有微小差异。三种方法的运算耗时和结果精度如表 2.5 所示。

表 2.5　三种解析方法对 Kim 算例的计算结果对比

解析方法	PMS 可靠度	算法耗时/s
传统连续时间马尔可夫链方法 —不含 2.4.2 节的假设(6)	0.0790	0.0033
Wang-Modular 算法 —含 2.4.2 节的假设(6)	0.0775	0.0023
行为向量方法-针对原始 PMS 模型 —含 2.4.2 节的假设(6)	0.0775	0.0026
行为向量方法-将单阶段分割 4 份 —含 2.4.2 节的假设(6)	0.0785	0.16
行为向量方法-将单阶段分割 8 份 —含 2.4.2 节的假设(6)	0.0787	25

尽管传统马尔可夫模型的运算时间较短,但其建模过程都相当复杂。传统马尔可夫模型需要手工构建一个 16×16 的方阵,每个元素都应被仔细检视以避免出错,这耗费了相当的时间。另外,Wang-Modular 算法对 Kim 算例也有较好的计算效果,当采用 $a_1 < b_1 < c_1 < d_1 < c_2 < a_2 < b_2 < a_3 < c_3 < d_3$ 的 BDD 排序结构时,系统 BDD 结构如图 2.14 所示(该 BDD 中省略了拓展到吸收节点 0 的分支)。Wang-Modular 算法需要计算从根节点 a_1 到节点 1 的四条通路,每条通路的计算量和行为向量方法相同,从表 2.5 的最后一列印证了 Wang-Modular 算法与行为向量方法拥有相同的计算复杂度。

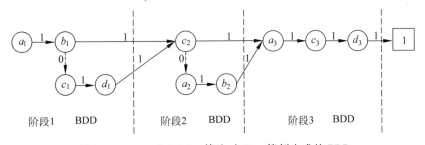

图 2.14　Wang-Modular 算法对 Kim 算例生成的 BDD

2.5.2　含备份阶段的航天测控通信任务

考虑一个以航天测控为背景的 GPMS。在不同的时间段内,航天测控系统需要使用不同的地面设备服务目标卫星。由于地面设备只在卫星飞临其上空时才能使用,所以在测控系统中通常会包含很多不相邻的任务阶段。图 2.15 给出了一个实时跟踪卫星并传回数据的任务方案,图中每一条实线表示该地面站设备在指定时间段内被使用。

图 2.15 的示例中,某颗卫星飞临三个地面站 a、b、c,地面测控系统在阶段 1

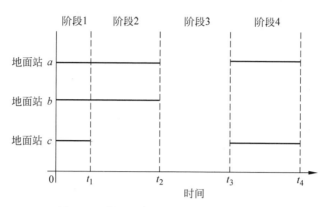

图 2.15   航天测控系统的跟踪时序示例图

对卫星实时跟踪,在阶段 2 和阶段 4 传回卫星数据。假设阶段 1 的任务对总任务的成败至关重要,系统安排三个地面站同时测控卫星以确保任务成功。卫星飞行到阶段 2 时开始数据回传任务,此时跟踪任务已经完成,而数据回传任务可以在另一个通信弧段内(即阶段 4)完成,也就是说,阶段 2 和阶段 4 是备份关系,都执行数据回传任务,只要其中一个阶段任务成功,数据回传任务就算成功。在阶段 2 和阶段 4 之间,存在一个空闲阶段,系统此时无须执行任何任务。在空闲阶段,算例假设完好的部件不会损坏,且失效的部件可以继续维修。这个 GPMS 的阶段组合关系如图 2.16 所示。

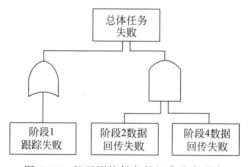

图 2.16   航天测控任务的组合阶段需求

各设备的工作关系可形象地用图 2.17 可靠性框图(RBD)表示。设地面站设备的寿命和维修时间服从指数分布,设备失效率为 $[\lambda_a, \lambda_b, \lambda_c] = [0.1, 0.2, 0.3]$(次/h),设备维修率为 $[\mu_a, \mu_b, \mu_c] = [0.2, 0.3, 0.4]$(次/h),阶段持续时间 $[T_1, T_2, T_3, T_4] = [1, 2, 2, 2]$。

基于 GPMS 的组合阶段需求,行为向量方法首先生成两个系统行为向量:

$$\text{SBV}_1 = (1, 1, r, e), \quad \text{SBV}_2 = (1, 0, r, 1) \tag{2.38}$$

式中,SBV_1 中的第三个元素 r 表示第三阶段没有安排任务。然后,行为向量方法将每个 SBV 分解为对应的 CBV。以 SBV_1 为例,表 2.6 列出了 SBV_1 对应的 CBV。

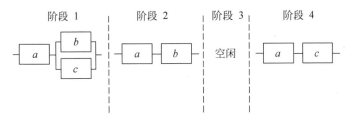

图 2.17 航天测控系统的可靠性框图

表 2.6 航天测控系统的部件行为向量

项目	阶段 1	阶段 2	阶段 3	阶段 4
系统行为	1	1	r	e
部件行为向量	$(\boldsymbol{U}_1^{(a)},\boldsymbol{U}_1^{(b)},\boldsymbol{E}_1^{(c)})$ $(\boldsymbol{U}_1^{(a)},\boldsymbol{D}_1^{(b)},\boldsymbol{U}_1^{(c)})$	$(\boldsymbol{U}_2^{(a)},\boldsymbol{U}_2^{(b)},\boldsymbol{I})$	$(\boldsymbol{R}_3^{(a)},\boldsymbol{R}_3^{(b)},\boldsymbol{R}_3^{(c)})$	$(\boldsymbol{E}_4^{(a)},\boldsymbol{I},\boldsymbol{E}_4^{(c)})$

在阶段 3,对应于系统行为 r(未安排任务)的部件行为向量是 $(\boldsymbol{R}_3^{(a)},\boldsymbol{R}_3^{(b)},\boldsymbol{R}_3^{(c)})$,表明三套地面设备均处于闲置状态,且维修资源充足。矩阵 $\boldsymbol{R}_i^{(k)}$ 的定义参见 2.3.2 节。在表 2.6 中,共有两条通路连通所有 CBV。通过将 CBV 的元素对应相乘,可得出通路向量为

$$\boldsymbol{A}^{(1)}=(\boldsymbol{U}_1^{(a)}\boldsymbol{U}_2^{(a)}\boldsymbol{R}_3^{(a)}\boldsymbol{E}_4^{(a)},\boldsymbol{U}_1^{(b)}\boldsymbol{U}_2^{(b)}\boldsymbol{R}_3^{(b)}\boldsymbol{I},\boldsymbol{E}_1^{(c)}\boldsymbol{I}\cdot\boldsymbol{R}_3^{(c)}\boldsymbol{E}_4^{(c)})$$
$$\boldsymbol{A}^{(2)}=(\boldsymbol{U}_1^{(a)}\boldsymbol{U}_2^{(a)}\boldsymbol{R}_3^{(a)}\boldsymbol{E}_4^{(a)},\boldsymbol{D}_1^{(b)}\boldsymbol{U}_2^{(b)}\boldsymbol{R}_3^{(b)}\boldsymbol{I},\boldsymbol{U}_1^{(c)}\boldsymbol{I}\cdot\boldsymbol{R}_3^{(c)}\boldsymbol{E}_4^{(c)})$$
(2.39)

系统行为向量 $(1,1,r,e)$ 的概率可以表达为

$$\Pr\{(1,1,r,e)\}=\Pr\{\boldsymbol{A}^{(1)}\}+\Pr\{\boldsymbol{A}^{(2)}\}=0.415 \tag{2.40}$$

式中,通路向量的概率可通过 2.4.1 节的公式(2.27)计算。例如,对于 $\boldsymbol{A}^{(1)}$,

$$\Pr\{\boldsymbol{A}^{(1)}\}=(\boldsymbol{v}_0^{(a)}\boldsymbol{U}_1^{(a)}\boldsymbol{U}_2^{(a)}\boldsymbol{R}_3^{(a)}\boldsymbol{E}_4^{(a)}\boldsymbol{i}^{\mathrm{T}})\cdot(\boldsymbol{v}_0^{(b)}\boldsymbol{U}_1^{(b)}\boldsymbol{U}_2^{(b)}\boldsymbol{R}_3^{(b)}\boldsymbol{i}^{\mathrm{T}})\cdot(\boldsymbol{v}_0^{(c)}\boldsymbol{E}_1^{(c)}\boldsymbol{R}_3^{(c)}\boldsymbol{E}_4^{(c)}\boldsymbol{i}^{\mathrm{T}})$$
$$=0.407 \tag{2.41}$$

同样地,对应于 $\mathrm{SBV}_2=(1,0,r,1)$ 的部件行为向量在表 2.7 列出。SBV_2 的概率为 $\Pr\{(1,0,r,1)\}=0.151$。整个 GPMS 的可靠度为两个系统行为向量的概率和,即

$$R_{\mathrm{PMS}}=\Pr\{(1,1,r,e)\}+\Pr\{(1,0,r,1)\}=0.566 \tag{2.42}$$

表 2.7 对应于 SBV₂ 的部件行为向量

项目	阶段 1	阶段 2	阶段 3	阶段 4
系统行为	1	0	r	1
部件行为向量	$(\boldsymbol{U}_1^{(a)},\boldsymbol{U}_1^{(b)},\boldsymbol{E}_1^{(c)})$ $(\boldsymbol{U}_1^{(a)},\boldsymbol{D}_1^{(b)},\boldsymbol{U}_1^{(c)})$	$(\boldsymbol{U}_2^{(a)},\boldsymbol{D}_2^{(b)},\boldsymbol{I})$ $(\boldsymbol{D}_2^{(a)},\boldsymbol{E}_2^{(b)},\boldsymbol{I})$	$(\boldsymbol{R}_3^{(a)},\boldsymbol{R}_3^{(b)},\boldsymbol{R}_3^{(c)})$	$(\boldsymbol{U}_4^{(a)},\boldsymbol{I},\boldsymbol{U}_4^{(c)})$

为了验证行为向量方法结果的真实性,首先运用传统马尔可夫模型分析算例可靠性,设 S_i 表示系统在阶段 i 的任务执行成功;$\bar{S}_i$ 表示系统在阶段 i 的任务执

行失败。因为阶段 3 属于非任务阶段,GPMS 的可靠度可表示为

$$R_{\text{PMS}} = \Pr\{S_1, S_2\} + \Pr\{S_1, \bar{S}_2, S_4\} \tag{2.43}$$

式中,$\Pr\{S_1, \bar{S}_2, S_4\}$ 可通过下式计算

$$\Pr\{S_1, \bar{S}_2, S_4\} = \Pr\{S_1, S_4\} - \Pr\{S_1, S_2, S_4\} \tag{2.44}$$

上述概率 $\Pr\{S_1, S_2\}$、$\Pr\{S_1, S_4\}$、$\Pr\{S_1, S_2, S_4\}$ 均可通过传统马尔可夫模型计算出来,具体计算步骤可参考 Alam 的论文[71]。设 $x_k = 1$ 表示部件 k 完好(损坏则 $x_k = 0$),设系统结构方程 $\phi_i = 1$ 表示系统在阶段 i 的任务执行成功(失败则 $\phi_i = 0$)。表 2.8 列出了传统马尔可夫模型的整个状态空间。针对该算例,行为向量方法与传统马尔可夫模型的计算结果如图 2.18 所示。

表 2.8   传统马尔可夫模型的状态向量及其对应的系统结构函数

状态序号	状态变量			系统结构函数		
	x_1	x_2	x_3	ϕ_1	ϕ_2	ϕ_4
1	0	0	0	0	0	0
2	0	0	1	0	0	0
3	0	1	0	0	0	0
4	1	0	0	0	0	0
5	0	1	1	0	0	0
6	1	0	1	1	0	1
7	1	1	0	1	1	0
8	1	1	1	1	1	1

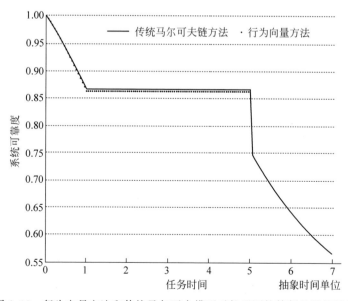

图 2.18   行为向量方法和传统马尔可夫模型对航天测控算例的计算结果

因为行为向量方法须做出"部件修复后，只能在新阶段开始后才重新使用"的假设，行为向量方法的结果比传统马尔可夫模型结果要低。为降低该假设的负面影响，本节将该 GPMS 模型的每个任务阶段（阶段 1、2、4）一分为二，新阶段的持续时间是原阶段的 1/2，新 GPMS 的组合阶段需求如图 2.19 所示。

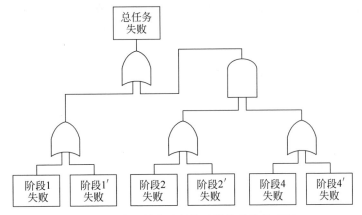

图 2.19 阶段拆分后新航天测控系统的 CPR

在阶段拆分后，系统总共包含 7 个阶段（6 个任务阶段，1 个空闲阶段，空闲阶段无须拆分）。行为向量方法首先算出 3 个系统行为向量。

$$\text{SBV}_1 = (1,1,1,1,r,e,e)$$
$$\text{SBV}_2 = (1,1,1,0,r,1,1)$$
$$\text{SBV}_3 = (1,1,0,e,r,1,1,) \tag{2.45}$$

对于新的模型，行为向量方法计算其可靠度为 $R_{\text{PMS}}(7)=0.567$。同样的行为向量方法，新模型结果比原模型结果提高 0.001，这是因为新模型的阶段持续时间缩短一半，部件修复后可以更早地被重新启用，提高了维修性对系统可靠度的影响。表 2.9 给出了不同算法的计算结果，可以看出阶段拆分策略可以降低两种算法（马尔可夫模型与行为向量方法）的结果差异。

表 2.9 两种解析方法对航天测控系统算例的计算结果对比

解 析 方 法	GPMS 的可靠度	算法耗时/s
传统连续时间马尔可夫链方法 —不含 2.4.2 节的假设(6)	0.568	0.0015
行为向量方法-针对原始 PMS 模型 —含 2.4.2 节的假设(6)	0.566	0.0012
行为向量方法-将各阶段分割 2 份 —含 2.4.2 节的假设(6)	0.567	0.26
行为向量方法-将各阶段分割 4 份 —含 2.4.2 节的假设(6)	0.568	0.37

为了进一步对比马尔可夫模型与行为向量方法的差异,本节将系统规模增大并测试两种算法的性能。图 2.20 的第一个 PMS 只包含三个部件和两个阶段,当更多阶段被加入到系统时,系统部件增多,两种算法的计算时间如图 2.21 所示。其中图 2.21(b)是图 2.21(a)的细节局部放大。可以看出,传统马尔可夫模型的计算时间随着部件增多而指数级增长,即存在状态爆炸问题。相反地,行为向量方法的计算时间只接近线性增长,较好地规避了状态爆炸问题。

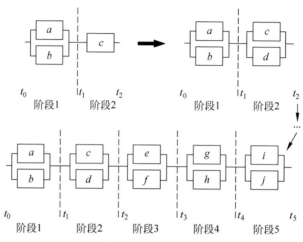

图 2.20　航天测控系统 PMS 模型部件增多示意图

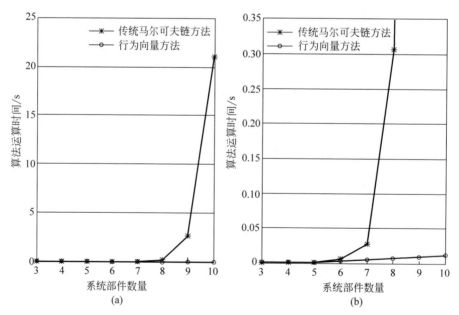

图 2.21　部件增多时马尔可夫模型与行为向量方法的效率对比

(a) 随部件增多算法性能图;(b) 图(a)的局部放大

　　另外,考虑一个包含 4 个部件和 20 个阶段的 PMS,其 RBD 如图 2.22 所示。针对该 PMS,两种算法的运算时间如图 2.23 所示,其中图 2.23(b)是图 2.23(a)的局部放大。不难发现,当阶段增多时,行为向量方法的计算时间将呈指数增长,而传统马尔可夫模型的计算时间只呈线性增长。

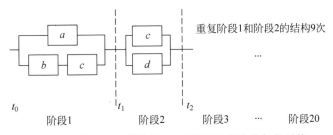

图 2.22　包含 4 个部件和 20 个阶段的多阶段任务系统

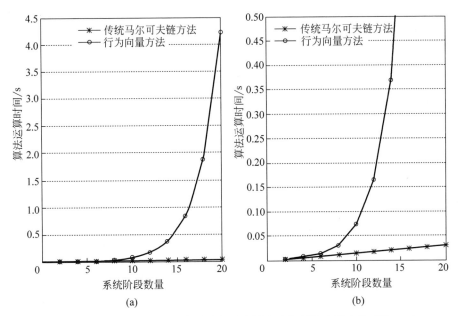

图 2.23　PMS 阶段增多时马尔可夫链方法与行为向量方法对比
(a) 随阶段增多算法性能图;(b) 图(a)的局部放大

　　综上所述,传统的马尔可夫模型在分析阶段较多的 PMS 时更有优势,而行为向量方法在处理部件较多的 PMS 时性能更好。

2.6　本章小结

　　本章提出了一种分析可修广义多阶段任务系统可靠性的模块化方法——行为向量方法。相较于文献中其他 GPMS 分析方法,行为向量方法的创新点在于它考虑了部件的维修性。相较于 Wang-Modular 算法,行为向量方法的创新点在于它考虑了组合阶段需求,可应用于 GPMS。相较于传统的马尔可夫模型,行为向量方法的优点在于它缓解了状态爆炸问题,更适合于分析部件较多的 PMS。

行为向量方法的主要步骤包括:首先得出 GPMS 的系统行为向量,然后将每个系统行为向量拆解为部件行为向量;最后通过构建马尔可夫链,计算系统行为向量的概率,GPMS 的可靠度等于所有系统行为向量的概率和。

尽管行为向量方法优势很多,但其仍有一定局限性。当系统阶段增多时,模型中通路向量的个数会迅速扩大。行为向量方法仍无法分析大规模、超多阶段的 PMS。为此,第 3 章提出行为向量方法基础上的截断策略,为分析更大规模的 PMS 打下基础。

第3章

中等规模PMS可靠性分析的近似算法

系统的寿命评估一直是系统可靠性分析的重要领域。许多用于寿命分析的PMS 模型往往包含了大量重复的任务阶段,并且也包含一些可修部件。对于这类系统,目前大多数可靠性分析方法都将遭遇计算量爆炸问题,经典模块化方法和行为向量方法也将会因为微机内存不足而无法得出系统可靠性结果。为了解决该问题,本章提出了一种截断策略与行为向量的混合算法。

本章算法本质上是对第 2 章行为向量方法的改进。相比于行为向量方法,新算法的优点在于截断步骤降低了算法运算量,使算法能应用于更大型的 PMS。另外,相比于经典的截断方法,本章算法采用了递减可变的截断阈值,使截断误差直接被预定参数控制,算法精度一目了然。

本章首先介绍大规模多阶段任务系统的概念和特点,以及可靠性文献中常见的截断算法、近似算法,其次给出行为向量的一种改进,在新算法基础上引入截断策略形成本章核心,并分析该算法的参数选择和优缺点,最后结合两个具体的工程实例,测试算法的计算效率,并通过仿真方法和 Wang-Modular 算法对比验证本章算法精度及结果正确性。

3.1 大规模 PMS 的特点及研究现状

大规模多阶段任务系统广泛存在于真实的工程应用中。2.5.1 节指出,航天通信系统是一个典型的多阶段任务系统,该系统存在阶段多、部件多的特点。PMS的规模可以朝着两个方向增长——部件增多或阶段增多。事实上,PMS 模型包含的部件数量可以通过建模精细度控制。例如,航天通信系统建模可以分为站点级建模、设备级建模和设备内分系统级建模。站点级的 PMS 模型将地面站整体视作一个部件,设备级模型将站内每一台仪器设备作为一个部件,而设备内分系统级将设备内的一个电子单元作为一个部件。采用不同的建模精度,可以控制 PMS 模型中部件的数量。然而,工程实际中很多 PMS 模型不得不包含大量的阶段。随着时间的推进,PMS 模型中阶段的增多是很难避免的。针对这一问题,目前大部分的可靠性分析方法都将面临计算量爆炸问题。这种大规模 PMS 的特点如图 3.1 所示。

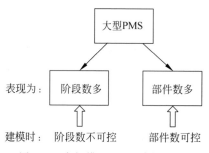

图 3.1　大规模 PMS 的建模特点

2.4.3 节指出,行为向量方法的存在一个重要缺陷是:随着 PMS 阶段增多,行为向量方法的计算量可能呈指数级增长。这一现象也存在于 Wang-Modular 算法中,因为其向下运算策略会导致 BDD 通路数爆炸(BDD-path explosion),而向上运算策略则会导致 BDD 节点数爆炸(BDD-node explosion),这里的“爆炸”是指计算 BDD 所需的内存量呈指数级增长。也就是说,无论采用哪种评估策略,随着阶段增多 Wang-Modular 算法的时间、空间消耗都将急速膨胀。

目前针对这一问题,现有文献主要主要采用截断(truncation)、确定上下界、近似分析的解决方案。大部分截断方法[7-8,93-95]的本质是删除 BDD(或割集)中一些不重要的计算单元。这种截断策略要求用户指定一个截断阈值(truncation limit)或指定一个可靠性真值上下界,然后找出概率低于该阈值的所有 BDD 节点并删除它们,最后计算截断后模型的可靠度并作为近似结果,并统计截断误差。基于这一思路,Jung[7,93] 提出了一边评估 BDD 一边删除的截断策略。Mo 等[94] 随后对 Jung 方法提出了改进,使截断后的 BDD 规模更小,误差更低。Mo 等[8] 还基于延迟机制(lazy mechanism)和写回机制(writeback mechanism)提出了新 BDD 的截断策略。经典截断算法的步骤如图 3.2 所示。

然而,一些研究[96-100]发现固定的截断阈值可能导致算法结果出现较大误差。除了截断策略,分析大型 PMS 可靠性的另外一种方法基于连续时间马尔可夫链的矩阵压缩存储[81,101]和矩阵子空间投影方法[102]。Krylov 子空间投影方法是一种将大规模矩阵、大规模方程组转化为小规模问题的计算方法。通过 Krylov 子空间投影,马尔可夫模型的内存占用和求解难度都有所降低,然而,该算法要求求解人员有较好的矩阵论背景知识,特别是对矩阵压缩存储的编程实现比截断方法难度更大。3.2 节为第 2 章的行为向量方法提供一种截断策略混合算法,以缓解其计算量爆炸问题。

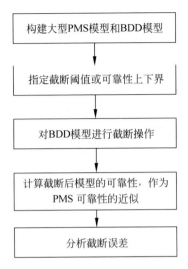

图 3.2　经典截断方法流程图

3.2　行为向量与截断策略混合算法

3.2.1　不含截断策略的行为向量改进算法

本节提出一种行为向量方法的等效算法,该算法在计算量上等同于行为向量方法,但它可直接得出中间阶段的 PMS 可靠性,且更有利于加入截断策略。本章算法所需假设跟行为向量方法所需假设相同(见 2.4.2 节),为简洁起见,算法介绍以传统 PMS 为例。总体来说,本节算法主要分为以下几个步骤。

步骤 1　生成所有阶段的部件行为向量。

步骤 2　算法从第一阶段开始,生成当前阶段的通路向量(path vector,PV)。

步骤 3　计算 PV 的概率 $\Pr\{PV\}$,对所有 $\Pr\{PV\}$ 求和,得到当前阶段结束时系统的可靠性。

步骤 4　如果算法运行到最后阶段,算法终止;否则返回步骤 2。

不包含截断策略的可靠性分析步骤如图 3.3 所示。

本节算法步骤 1 等同于行为向量方法步骤 2——针对给定的系统行为向量,利用 BDD 生成部件行为向量。例如,对于图 3.4 的系统,算法步骤 1 生成 6 个 CBV。

算法步骤 2 需要生成通路向量 PV,这里的通路向量 PV 不同于 2.3.2 节中行为向量方法中提到的通路向量 $A^{(q)}$。本节 PV 的定义如下:

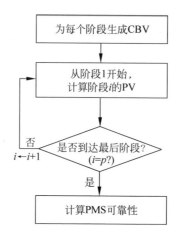

图 3.3　不含截断策略的行为向量改进算法

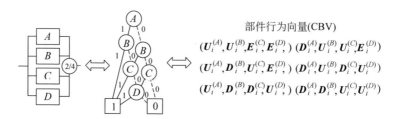

图 3.4　部件行为向量的生成示意图

$$PV_i = \begin{cases} CBV_i, & i = 1 \\ PV_{i-1} \odot CBV_i, & i > 1 \end{cases} \tag{3.1}$$

式中，i 表示阶段序号；$i = 1$ 表示阶段 1。

以图 3.5 为例，阶段 1 包含两个 CBV，阶段 2 包含三个 CBV。按照传递向量

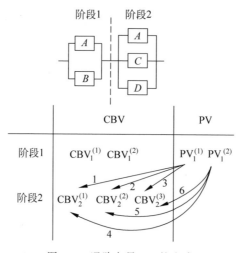

图 3.5　通路向量 PV 的生成

（通路向量）的定义，阶段 1 的通路向量 PV 等同于阶段 1 的 CBV。阶段 2 的 PV 是当前阶段 CBV 和前一阶段 PV 的逐元素点乘。例如，$\mathrm{PV}_2^{(5)}$（阶段 2 的第 5 个通路向量）可表示为

$$\mathrm{PV}_2^{(5)} = \mathrm{PV}_1^{(2)} \odot \mathrm{CBV}_2^{(2)} = \mathrm{CBV}_1^{(2)} \odot \mathrm{CBV}_2^{(2)}$$
$$= (\boldsymbol{D}_1^{(A)} \boldsymbol{D}_2^{(A)}, \boldsymbol{U}_1^{(B)} \boldsymbol{E}_2^{(B)}, \boldsymbol{E}_1^{(C)} \boldsymbol{U}_2^{(C)}, \boldsymbol{E}_1^{(D)} \boldsymbol{E}_2^{(D)}) \tag{3.2}$$

当算法生成了最后阶段的 PV，PMS 可靠性是最后阶段所有 PV 概率之和，即

$$R_{\mathrm{PMS}}\left(\sum_{j=1}^p T_j\right) = \sum_q \Pr\{\mathrm{PV}_p^{(q)}\} \tag{3.3}$$

式中，p 表示 PMS 的阶段总数；$\Pr\{\mathrm{PV}_p^{(j)}\}$ 表示通路向量 $\mathrm{PV}_p^{(j)}$ 的概率。设 $\mathrm{PV}_p^{(j)} = (a_1, a_2, \cdots, a_n)$，$\mathrm{PV}_p^{(j)}$ 的计算公式如下所示（等同于行为向量算法中 $\boldsymbol{A}^{(q)}$ 的计算方法）。

$$\Pr\{\mathrm{PV}_p^{(j)}\} = (\boldsymbol{v}_0^{(1)} \cdot a_1 \cdot i') \cdot (\boldsymbol{v}_0^{(2)} \cdot a_2 \cdot i') \cdot \cdots \cdot (\boldsymbol{v}_0^{(n)} \cdot a_n \cdot i') \tag{3.4}$$

例如，$\mathrm{PV}_2^{(5)}$ 可表示为

$$\Pr\{\mathrm{PV}_2^{(5)}\} = \Pr\{(\boldsymbol{D}_1^{(A)} \boldsymbol{D}_2^{(A)}, \boldsymbol{U}_1^{(B)} \boldsymbol{E}_2^{(B)}, \boldsymbol{E}_1^{(C)} \boldsymbol{U}_2^{(C)}, \boldsymbol{E}_1^{(D)} \boldsymbol{E}_2^{(D)})\}$$
$$= (\boldsymbol{v}_0^{(A)} \boldsymbol{D}_1^{(A)} \boldsymbol{D}_2^{(A)} i') \cdot (\boldsymbol{v}_0^{(B)} \boldsymbol{U}_1^{(B)} \boldsymbol{E}_2^{(B)} i') \cdot$$
$$(\boldsymbol{v}_0^{(C)} \boldsymbol{E}_1^{(C)} \boldsymbol{U}_2^{(C)} i') \cdot (\boldsymbol{v}_0^{(D)} \boldsymbol{E}_1^{(D)} \boldsymbol{E}_2^{(D)} i') \tag{3.5}$$

假设整个 PMS 包含 p 个阶段，当算法得出阶段 p 所有的通路向量后，可通过如下公式得出系统在时刻 $\sum_{j=1}^p T_j$ 的可靠度，即

$$\mathrm{R}_{\mathrm{PMS}}\left(\sum_{j=1}^x T_j\right) = \sum_q \Pr\{\mathrm{PV}_x^{(q)}\} \tag{3.6}$$

本节算法流程图可概况为图 3.6。步骤 1 得出所有的部件行为向量；步骤 2 按阶段先后顺序，计算各阶段通路向量；步骤 3 计算多阶段任务系统可靠度。

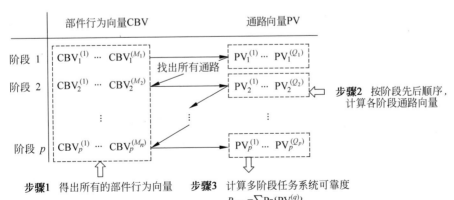

图 3.6　不含截断策略的行为向量改进算法流程图

在算法设计方面,本节算法与第 2 章行为向量方法的区别在于:行为向量方法列出贯穿所有阶段的通路向量;而本节方法略微修改了通路向量的定义,逐阶段计算传递向量。虽然两种算法的适用对象相同,但改进算法仍有一定优势:改进算法可以得出任意阶段结束时 PMS 的可靠性,而行为向量方法只能计算最末阶段结束时 PMS 的可靠性。

然而,在 PMS 阶段增多时,传递向量 PV 的数量可能呈现指数级增长。3.2.2 节在本节算法基础上,提出一种截断策略删除重要性较低的 PV,用以分析更大规模的可修 PMS。

3.2.2　加入截断策略的行为向量改进算法

许多真实的多阶段任务系统通常包含成百上千的阶段。由于系统规模庞大,上节算法包含的传递向量个数通常会超出微机计算极限。对于这类大型系统,截断策略是一个比较常见的方法。现有文献中的截断策略主要应用于 BDD 模型,尚无应用于模块化方法的文献,本节将给出一种阈值浮动的截断策略。

考虑如图 3.7 所示的一个多阶段任务系统。不难发现随着算法运行到最后阶段,PV 的数量呈指数级增长。类似的计算量爆炸问题也存在于 Wang-Modular 算法与行为向量方法中。一个直观的解决方案是仅仅计算其中一部分权重高的 PV,忽略(或删除、截断)权重低的 PV,以得到 PMS 可靠性的近似结果。加入截断策略后,算法流程如图 3.8 所示。

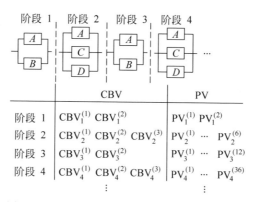

	CBV			PV		
阶段 1	$CBV_1^{(1)}$	$CBV_1^{(2)}$		$PV_1^{(1)}$	$PV_1^{(2)}$	
阶段 2	$CBV_2^{(1)}$	$CBV_2^{(2)}$	$CBV_2^{(3)}$	$PV_2^{(1)}$	$\cdots$	$PV_2^{(6)}$
阶段 3	$CBV_3^{(1)}$	$CBV_3^{(2)}$		$PV_3^{(1)}$	$\cdots$	$PV_3^{(12)}$
阶段 4	$CBV_4^{(1)}$	$CBV_4^{(2)}$	$CBV_4^{(3)}$	$PV_4^{(1)}$	$\cdots$	$PV_4^{(36)}$
	$\vdots$			$\vdots$		

图 3.7　通路向量 PV 数量的指数级增长示意图

截断策略的实质是删除一些无关紧要的计算单元。本节算法中,截断策略需要删除一些权重低的 PV,其中权重被定义为 PV 的概率。具体到操作层面,截断策略应删除那些概率小于给定阈值 γ 的 PV,即如果 PV$<\gamma$,就删除 PV。但大量文献[96-100]显示,如果阈值 γ 固定,删除工作会导致结果误差很大,这一现象类似于级数论中"无数个无穷小量累和极大"的现象。另外,一些文献[98]还指出,截断误差不仅跟截断阈值有关,对部件参数的灵敏度也很高。

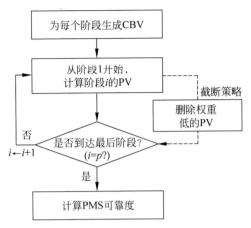

图 3.8 加入截断策略的行为向量改进算法

为了规避这些问题,近年来的截断算法文献[8,94-95]逐渐采用可变截断阈值的思想,因此本节提出了递减的截断阈值 γ_i。每当算法删除一个 PV,阈值 γ_i 也会缩小。这种递减阈值可保证截断误差不高于预定的"最大允许误差"(maximum permissible error,MPE)。递减阈值 γ_i 的定义如下:

$$\gamma_i = \frac{\mathrm{MPE} - \mathrm{Pr}\{\mathrm{PV}\}}{\mathrm{Num}(\mathrm{PV}_i)} \tag{3.7}$$

式中,$\mathrm{Pr}\{\mathrm{PV}\}$ 表示前一个被删除的通路向量的概率;$\mathrm{Num}(\mathrm{PV}_i)$ 表示所有在阶段 i 被删除通路向量的总数。

算法每删除一个 PV,都需要重新计算阈值 γ_i。当然,截断阈值的设计可以是多种多样的,是否存在一个更优的截断阈值,值得在下一步研究中深入讨论。

在采用递减阈值 γ_i 后,总截断误差小于等于预定的最大允许误差,证明如下:当算法运行到阶段 i 时,设 $\mathrm{PV}_i^{\triangle}$ 为被删除的传递向量。由于 $\mathrm{PV}_i^{\triangle}$ 被删除,后续阶段中所有由 $\mathrm{PV}_i^{\triangle}$ 引出的传递向量也被自然删除,如图 3.9 所示。图中算法移除了

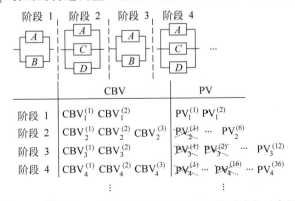

图 3.9 删除某 PV 后导致后续阶段 PV 也被移除的示意图

阶段 2 的第一个传递向量 $PV_2^{(1)}$，由 $PV_2^{(1)}$ 衍生的一部分（阶段 3、阶段 4 的）传递向量也被移除了（包括 $PV_3^{(1)}$、$PV_3^{(2)}$ 和 $PV_4^{(1)} \sim PV_4^{(6)}$）。

因为单个阶段的 CBV 概率和小于 1（$\sum_i \Pr\{CBV_i\} < 1$，参见 2.3.1 节），依据 PV 的定义不难发现，$\Pr\{PV_i^\Delta\}$ 应大于等于所有衍生向量的概率和，即

$$\Pr\{PV_i^\Delta\} \geqslant \sum \Pr\{PV_{i+1}^*\}; \quad (PV_{i+1}^* \text{ 由 } PV_i^\Delta \text{ 衍生}) \tag{3.8}$$

通过不断地重复式(3.8)可以得出

$$\Pr\{PV_i^\Delta\} \geqslant \sum \Pr\{PV_{i+1}^*\} \geqslant \cdots \geqslant \sum_s \Pr\{PV_p^{(s)}\} \tag{3.9}$$

式中，$PV_q^{(s)}$ 是由 PV_i^Δ 衍生的最末阶段（阶段 p）的传递向量。当算法运行到最末阶段时，算法将所有被删除 PV 的概率求和，可得到算法的总截断误差 error，即

$$\text{MPE} \geqslant \sum_i \Pr\{PV_i^\Delta\} \geqslant \sum_i \sum_s \Pr\{PV_p^{(s)}\} = |R_{PMS} - R'_{PMS}| = \text{error} \tag{3.10}$$

从递减阈值 γ_i 的定义不难发现，$\text{MPE} \geqslant \sum_i \Pr\{PV_i^\Delta\}$ 成立。不等式阐明了一个结论——算法总截断误差小于或等于预定的 MPE 常数。

总结来说，针对规模稍大的可修 PMS，本节提出的截断策略与行为向量混合算法如图 3.10 所示。

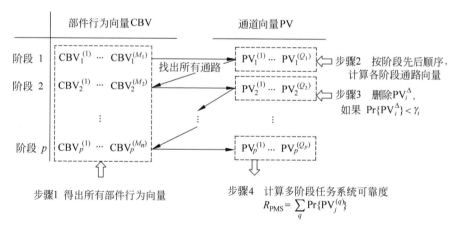

图 3.10　加入截断策略的行为向量改进算法流程图

3.2.3　最大允许误差的确定

3.2.2 节指出，最大允许误差 MPE 是一个控制算法截断总误差的预定常数，MPE 需要在算法运行前作为参数输入。较小的 MPE 值使算法结果较为精确，但保留的计算量较大。一般来说，MPE 值可以通过如下方法确定。

步骤 1　设 MPE＝0 并运行本节算法，确认算法是否能直接得出可靠性结果。

如果算法耗时过长(通常大于3min),或算法导致微机内存溢出,说明算法应考虑加入截断策略(MPE应增加),转入步骤2。

步骤2 设 MPE=10^{-9} 并运行本章算法,确认此时算法能否得出可靠性结果。如果算法仍存在耗时过长或内存溢出问题,转入步骤3。

步骤3 增大 MPE 10倍并运行本章算法,查看算法运行情况。重复步骤3(即重复增大 MPE),直到算法可直接得出可靠性结果,此时的 MPE 为合理值。

根据算例经验,步骤3通常只需重复执行1～5次即可停止。对于绝大多数PMS,本章算法在 MPE=0.1 能直接生成结果。MPE 的值不仅取决于系统的结构、阶段数,也取决于算法执行的计算机平台性能。对于不同的应用实例和计算机平台,需要试验不同的 MPE 以达到近似最优的可靠性解。确定 MPE 值的三个步骤可以被归纳为图 3.11。

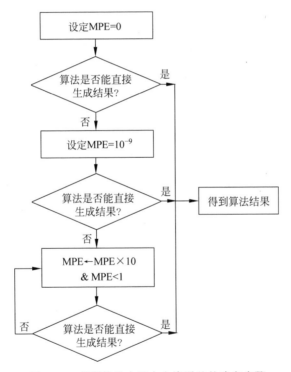

图 3.11 截断算法中最大允许误差的确定步骤

3.2.4 算法适用性分析

截断策略与行为向量混合算法(下称混合算法)的主要优点在于以下几方面。

(1) 当 PMS 阶段较多时,截断策略能缓解行为向量方法的计算量爆炸,使行为向量方法的应用对象更广泛。

（2）混合算法可以得出每个阶段结束时的系统可靠性，而行为向量方法只能得出最末时刻的系统可靠性。

（3）递减的截断阈值使混合算法的截断误差可控。

当 PMS 规阶段数增多时，3.2.1 节～3.2.2 节提出的行为向量方法（及 3.2.2 节改进算法）都会出现计算量指数增长的情况。截断策略的加入，使一些权重低的计算部分被忽略，计算量爆炸的问题得到缓解，降低了算法对微机内存的要求。因此相比于行为向量方法，混合算法可应用于规模更大的 PMS。

混合算法的运算方式逐阶段递推，这种新的计算方式允许得出每个阶段结束时的 PMS 可靠性；相反，行为向量方法的计算方式是列出贯穿所有 CBV 的通道，因此只能得出任务结束时 PMS 的可靠性，也就是说，混合算法比行为向量方法的结果更加丰富。

本章提出的混合算法也存在一定的缺点和局限性，这主要包括以下两点。

（1）混合算法继承了行为向量方法"修复的部件无法在本阶段立即投入使用，必须等到下一阶段开始后才可使用"的假设（见 2.4.2 节）。

（2）本章算法虽然能缓解阶段增多带来的计算量爆炸问题，但无法应用于超多阶段的系统（如超过 1000 个阶段的 PMS）。

3.2 节提出的算法本质上属于行为向量算法的改进，行为向量方法中存在的不合理假设也被继承。混合算法对每一阶段单独构建传递向量，类似于行为向量方法中分别构建各阶段的 BDD，因此难以描述阶段内的维修行为，也不得不做出该假设。

一些真实的大型 PMS 往往包含上千个任务阶段，这种情况在航天测控任务中比较普遍。采用截断策略能够使运算效率在算法运算初期（例如，运算在 1～100 阶段）得到提高，但也将快速消耗最大允许误差，使截断阈值变小趋近于零。当截断阈值接近零时，截断策略失效，混合算法等同于行为向量方法，同样会在运算后期（例如 100 阶段以后的运算）造成计算量呈指数增加。为了从根本上克服计算量爆炸问题，第 4 章提出了抽样方法，其计算量随阶段增多只呈线性增长，可用于分析包含上千阶段的多阶段任务系统。

3.3   算例分析

3.3.1   列车速度监控任务

列车速度监控是列车日常管理中的常见任务。当列车运行至车站附近时，对其测速对铁路系统的安全有至关重要的作用。列车的速度可以通过安装在车站附近的速度传感器直接测量，也可以通过安装在轨道沿线的测速雷达测量。考虑一辆穿过三座城市的列车，该列车运行在环线内，一天内绕环线运行两圈，如图 3.12

所示。假设列车运行到乡间时无监控任务,此时速度监测系统处于空闲状态。速度监控任务要求在监控时段内,要保持两个测速设备通常正常运转。整个监控任务可用图 3.13 的 PMS 模型表示,系统参数如表 3.1 所示。

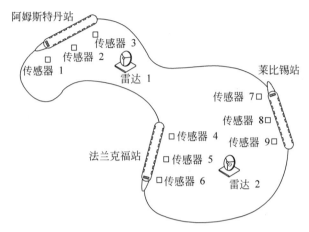

图 3.12　列车速度监控任务示意图

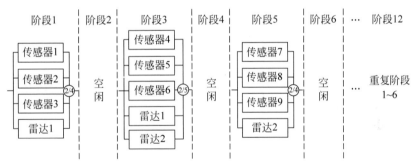

图 3.13　列车速度监控系统的 PMS 模型

表 3.1　列车速度监控系统的参数

参　　　数	值(时间单位：h)
阶段持续时间 t_i （i：阶段序号）	$t_i = \begin{cases} 0.2, & i=1,3,5,\cdots,17 \\ 3, & i=2,4,6,\cdots,18 \end{cases}$
失效率	$\lambda_K = \begin{cases} 2\times10^{-3}, & \text{如果 } K \text{ 是传感器} \\ 10^{-3}, & \text{如果 } K \text{ 是雷达} \end{cases}$ （λ_K 保持不变）
维修率	$\mu_K = 0.01$（对所有部件） （μ_K 保持不变）

假设系统中所有的设备都是可修的,目前存在以下方法分析该算例——传统马尔可夫模型、Wang-Modular 算法、行为向量方法、行为向量方法与截断策略混合算法。显然传统马尔可夫模型并不是最简便的解决方案,它需要构建一个包含 2^{11} 个状态的状态空间。Wang-Modular 算法和行为向量方法对于本例来说计算量相同。本章提出的混合算法可使计算效率进一步提高。

混合算法首先生成所有阶段(阶段 7~12 与阶段 1~6 相同)的部件行为向量,如图 3.14 所示。然后,算法根据式(3.1)计算,依阶段先后顺序计算各阶段的传递向量 PV。例如,$\mathrm{PV}_3^{(1)}$ 可表示为

$$\mathrm{PV}_3^{(1)} = (\boldsymbol{U}_1^{(S1)}\boldsymbol{E}_2^{(S1)}\boldsymbol{E}_3^{(S1)},\boldsymbol{E}_1^{(S4)}\boldsymbol{E}_2^{(S4)}\boldsymbol{U}_3^{(S4)}) \tag{3.11}$$

	CBV	PV
阶段 1	$\mathrm{CBV}_1^{(1)} = (\boldsymbol{U}_1^{(S1)}\boldsymbol{U}_1^{(S2)}\boldsymbol{E}_1^{(S3)},\boldsymbol{E}_1^{(R1)})$ $\mathrm{CBV}_1^{(2)} = (\boldsymbol{U}_1^{(S1)}\boldsymbol{D}_1^{(S2)}\boldsymbol{U}_1^{(S3)},\boldsymbol{E}_1^{(R1)})$ $\mathrm{CBV}_1^{(3)} = (\boldsymbol{U}_1^{(S1)}\boldsymbol{D}_1^{(S2)}\boldsymbol{D}_1^{(S3)},\boldsymbol{U}_1^{(R1)})$ $\mathrm{CBV}_1^{(4)} = (\boldsymbol{D}_1^{(S1)}\boldsymbol{U}_1^{(S2)}\boldsymbol{U}_1^{(S3)},\boldsymbol{E}_1^{(R1)})$ $\mathrm{CBV}_1^{(5)} = (\boldsymbol{D}_1^{(S1)}\boldsymbol{U}_1^{(S2)}\boldsymbol{D}_1^{(S3)},\boldsymbol{U}_1^{(R1)})$ $\mathrm{CBV}_1^{(6)} = (\boldsymbol{D}_1^{(S1)}\boldsymbol{D}_1^{(S2)}\boldsymbol{U}_1^{(S3)},\boldsymbol{U}_1^{(R1)})$	$\mathrm{CBV}_1^{(1)} \sim \mathrm{CBV}_1^{(6)}$
阶段 3	$\mathrm{CBV}_3^{(1)} = (\boldsymbol{U}_3^{(S4)}\boldsymbol{U}_3^{(S5)}\boldsymbol{E}_3^{(S6)},\boldsymbol{E}_3^{(R1)},\boldsymbol{E}_3^{(R2)})$ $\mathrm{CBV}_3^{(2)} = (\boldsymbol{U}_3^{(S4)}\boldsymbol{D}_3^{(S5)}\boldsymbol{U}_3^{(S6)},\boldsymbol{E}_3^{(R1)},\boldsymbol{E}_3^{(R2)})$ $\mathrm{CBV}_3^{(3)} = (\boldsymbol{U}_3^{(S4)}\boldsymbol{D}_3^{(S5)}\boldsymbol{D}_3^{(S6)},\boldsymbol{U}_3^{(R1)},\boldsymbol{E}_3^{(R2)})$ $\mathrm{CBV}_3^{(4)} = (\boldsymbol{U}_3^{(S4)}\boldsymbol{D}_3^{(S5)}\boldsymbol{D}_3^{(S6)},\boldsymbol{D}_3^{(R1)},\boldsymbol{U}_3^{(R2)})$ $\mathrm{CBV}_3^{(5)} = (\boldsymbol{D}_3^{(S4)}\boldsymbol{U}_3^{(S5)}\boldsymbol{U}_3^{(S6)},\boldsymbol{E}_3^{(R1)},\boldsymbol{E}_3^{(R2)})$ $\mathrm{CBV}_3^{(6)} = (\boldsymbol{D}_3^{(S4)}\boldsymbol{U}_3^{(S5)}\boldsymbol{D}_3^{(S6)},\boldsymbol{U}_3^{(R1)},\boldsymbol{E}_3^{(R2)})$ $\mathrm{CBV}_3^{(7)} = (\boldsymbol{D}_3^{(S4)}\boldsymbol{U}_3^{(S5)}\boldsymbol{D}_3^{(S6)},\boldsymbol{D}_3^{(R1)},\boldsymbol{U}_3^{(R2)})$ $\mathrm{CBV}_3^{(8)} = (\boldsymbol{D}_3^{(S4)}\boldsymbol{D}_3^{(S5)}\boldsymbol{U}_3^{(S6)},\boldsymbol{U}_3^{(R1)},\boldsymbol{E}_3^{(R2)})$ $\mathrm{CBV}_3^{(9)} = (\boldsymbol{D}_3^{(S4)}\boldsymbol{D}_3^{(S5)}\boldsymbol{U}_3^{(S6)},\boldsymbol{D}_3^{(R1)},\boldsymbol{U}_3^{(R2)})$ $\mathrm{CBV}_3^{(10)} = (\boldsymbol{D}_3^{(S4)}\boldsymbol{D}_3^{(S5)}\boldsymbol{D}_3^{(S6)},\boldsymbol{U}_3^{(R1)},\boldsymbol{U}_3^{(R2)})$	$\mathrm{PV}_3^{(1)} \sim \mathrm{PV}_3^{(60)}$
阶段 5	$\mathrm{CBV}_5^{(1)} = (\boldsymbol{U}_5^{(S7)},\boldsymbol{U}_5^{(S8)},\boldsymbol{E}_5^{(S9)},\boldsymbol{E}_5^{(R2)})$ $\mathrm{CBV}_5^{(2)} = (\boldsymbol{U}_5^{(S7)},\boldsymbol{D}_5^{(S8)},\boldsymbol{U}_5^{(S9)},\boldsymbol{E}_5^{(R2)})$ $\mathrm{CBV}_5^{(3)} = (\boldsymbol{U}_5^{(S7)},\boldsymbol{D}_5^{(S8)},\boldsymbol{D}_5^{(S9)},\boldsymbol{U}_5^{(R2)})$ $\mathrm{CBV}_5^{(4)} = (\boldsymbol{D}_5^{(S7)},\boldsymbol{U}_5^{(S8)},\boldsymbol{U}_5^{(S9)},\boldsymbol{E}_5^{(R2)})$ $\mathrm{CBV}_5^{(5)} = (\boldsymbol{D}_5^{(S7)},\boldsymbol{U}_5^{(S8)},\boldsymbol{D}_5^{(S9)},\boldsymbol{U}_5^{(R2)})$ $\mathrm{CBV}_5^{(6)} = (\boldsymbol{D}_5^{(S7)},\boldsymbol{D}_5^{(S8)},\boldsymbol{U}_5^{(S9)},\boldsymbol{U}_5^{(R2)})$	$\mathrm{PV}_5^{(1)} \sim \mathrm{PV}_5^{(360)}$
阶段 2,4,6	$\mathrm{CBV}_i^{(1)} = (\boldsymbol{E}_i^{(S1)},\boldsymbol{E}_i^{(S2)},\cdots,\boldsymbol{E}_i^{(R2)})\ (i=2,4,6)$	

图 3.14　列车速度监控算例的 CBV 和 PV

最后确定最大允许误差 MPE$=10^{-6}$，整个 PMS 的可靠性可通过下式计算。

$$R_{\mathrm{PMS}}\left(\sum_{j=1}^{18} t_j\right) = \sum_{s} \Pr\{\mathrm{PV}_{18}^{(s)}\} \tag{3.12}$$

为了验证算法结果，本节将两种非仿真方法与仿真 Petri 网方法对比，计算结果如表 3.2 所示。Petri 网仿真模型包含多个 Petri 网，其中一个 Petri 网用于描述阶段前进（优先级低），一个 Petri 网监测系统失效，还有 11 个 Petri 网用于刻画所有部件的失效和维修行为。Petri 网仿真基于 GRIF 软件平台实现，仿真结果迭代 10^7 次。表 3.2 数据指出，三种方法得出的可靠性结果极为相近，说明本章算法逻辑合理。

表 3.2　列车速度监控算例的可靠性结果及算法耗时对比

任务时间/h	Wang-Modular 算法 （或行为向量方法）		混合算法 （MPE$=10^{-6}$）		Petri 网仿真
	PMS 可靠性	算法耗时/s	PMS 可靠性	算法耗时/s	PMS 可靠性
9.6 （阶段 6 结束时）	0.999995	0.07	0.999995	0.04	0.999995
19.2 （阶段 12 结束时）	0.999919	23.9	0.999918	0.93	0.999920

两种非仿真方法都是通过 MATLAB 平台编程实现，两种算法耗时由配备单核 1.8G CPU 的计算机测出。数据显示，由于采用截断策略，混合算法耗时远远小于 Wang-Modular 算法，体现出截断策略对于计算效率的提升作用。3.3.2 节将提供更大规模的算例，此时截断策略将必不可少，而 Wang-Modular 算法将因内存不足而无法得出可靠性结果。

3.3.2　油气管道保护系统定期检测任务

对油气工业平台进行定期检测是油气开发领域的一项重要的周期性任务。考虑一个用于防止管道超压或漏液状态的油气管道压力保护系统，该系统在必要时刻将启动安全保护装置。为保证系统正常运转，定期对保护系统进行压力测试显得非常必要。在系统测试阶段，保护系统各个组件将承受更大的工作压力，部件的失效率参数也将改变。PMS 模型可用于描述这个安全保护系统，系统在每个阶段的结构都是固定不变的，但参数在测试阶段会明显改变，如图 3.15 所示。

当周期性测试开始时，图 3.15 中阶段 1 和阶段 2 会周期性的重复出现。由于该安全系统中损坏的部件可以被更换下来，因此本节假设所有部件都可修，这里假设所有部件的寿命和维修时间服从指数分布。通常，测试阶段的持续时间远远短于平常运行阶段的持续时间，系统相关参数如表 3.3 所示。

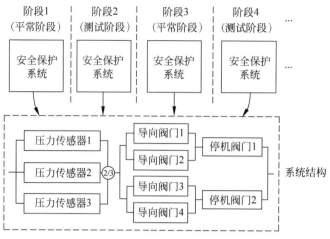

图 3.15   油管安全保护系统的 PMS 模型

表 3.3   油管安全保护系统的参数

参　　　数	值(时间单位：h)
阶段持续时间 t_i	$t_i = \begin{cases} 168, & \text{平常阶段} \\ 2, & \text{测试阶段} \end{cases}$
失效率 λ_K	$\lambda_K = \begin{cases} 10^{-4}, & \text{普通阶段} \\ 5 \times 10^{-4}, & \text{测试阶段} \end{cases}$ (所有部件的失效率相同)
维修率 μ_K	$\mu_K = 0.05$ (所有部件的维修率相同)

如果用 Wang-Modular 算法或行为向量方法分析本节算例,内存占用及算法耗时将随着阶段增多而呈指数增长。不同算法的可靠性结果如表 3.4 所示,其中算法耗时数据由一个配备 1.8GHz CPU 的计算机测得。实验结果显示 Wang-Modular 算法对本例的计算能力只到阶段 5,后续阶段的可靠性计算将因内存溢出而提前终止。如果使用本章提出的混合算法,当设定最大允许误差 MPE$=10^{-5}$ 时,算法计算能力拓展到 8 个阶段。如果增大最大允许误差参数值,混合算法的计算能力将进一步增强。

表 3.4   油管安全保护系统的可靠性结果及算法耗时对比

任务时间/h	Wang-Modular 算法 (或行为向量方法)		混合算法 (MPE$=10^{-5}$)		Petri 网仿真
	PMS 可靠性	算法耗时/s	PMS 可靠性	算法耗时/s	PMS 可靠性
170 (阶段 2 结束时)	0.998871	0.02	0.998871	0.02	0.998867

任务时间/h	Wang-Modular 算法（或行为向量方法）		混合算法（MPE＝10^{-5}）		Petri 网仿真
	PMS 可靠性	算法耗时/s	PMS 可靠性	算法耗时/s	PMS 可靠性
340（阶段 4 结束时）	0.997389	7.23	0.997388	1.22	0.997468
510（阶段 5 结束时）	0.995930	146	0.995927	3.73	0.996095
680（阶段 8 结束时）	计算机内存不足无法得出结果		0.994425	185	0.994594

表 3.4 中的 Petri 网仿真数据验证了混合算法和行为向量方法的逻辑合理性。Petri 网仿真模型包括一个用于描述阶段前进的 Petri 网,一个用于判断总任务失败的 Petri 网,9 个用于描述各部件失效、修复行为的 Petri 网。通过对比混合算法与行为向量方法不难发现,截断步骤对于本节算例至关重要。在许多真实的工程应用中,PMS 模型不仅包含很多可修部件,也包含许多重复的阶段,对于该类系统,截断策略与行为向量混合算法不失为一种有效的可靠性分析技术。

3.4　本章小结

本章从大规模系统的定义和特点出发,提出了分析中型可修 PMS 的截断策略。截断策略允许行为向量方法忽略大批权重低的计算节点,从而提高计算效率。通过加入截断策略,改进后的行为向量方法可适用于更大规模的系统。本章方法采用了递减的截断阈值,使截断误差直接控制在预定参数下,避免了经典截断方法中探讨总误差的烦琐步骤。实验证明,当阶段增多时,截断步骤可有效降低算法内存消耗,提高运算效率。

尽管截断策略与行为向量结合方法优势较多,但仍存在一些致命性的不足。首先,算法必须做出"修复的部件无法在本阶段立即使用,必须等到下一阶段才可用"的假设。另外,混合算法虽能缓解计算量爆炸问题,但无法应用于超多阶段的大型 PMS。为了彻底根除上述两个缺陷,第 4 章提出了一种抽样方法,可有效分析包含超多阶段的大型可修 PMS 可靠性。

第4章

大规模PMS可靠性分析的抽样方法

第3章指出,大型多阶段任务系统主要存在着阶段多和部件多的特点。虽然截断策略可以缓解系统规模增长带来的计算量爆炸,但当系统包含上千阶段时,最大允许误差将迅速耗尽,而后混合算法会再次陷入计算量爆炸问题。为彻底解决该问题,本章提出离散时间可用度的概念,并基于此提出全新的系统可靠性分析方法。

通过大量文献实例不难发现,状态映射方法善于处理超多阶段的 PMS,而决策图方法善于处理超多部件的 PMS。为综合两者优势,本章提出一种抽样方法,用于分析同时包含大量阶段和大量可修部件的多阶段任务系统。该方法使用决策图来降低成功状态的数量,并通过成功状态的抽样来评估系统的离散时间可用度,将离散时间可用度作为系统可靠度的近似值。目前,该方法是可靠性领域首个采用抽样或离散化策略分析 PMS 可靠性的算法。实验证明,当 PMS 规模向两个方向增长时,抽样算法的运算时间和内存消耗呈类线性增长,且当模型参数改变时,算法耗时也只会线性增加。相比于其他模块化方法,抽样算法在计算效率上有比较大的优势。

本章首先带领读者回顾系统可靠度和系统可用度的区别和联系,而后提出"离散时间可用度"的概念,并以 BDD 为基础,提出"约简成功状态"的概念,为详细介绍抽样算法打下理论基础。其次,本章详细介绍基于约简成功状态的抽样算法运算流程,提出针对不可修部件的算法简化策略,介绍输入参数的选择策略,并探讨算法结果与系统可靠度真值之间的关系。再次,本章针对多状态部件和多阶段网络,对抽样算法进行了推广,并分析了算法复杂度,讨论了抽样算法相比于其他解析方法的优势。最后,本章提供两个真实算例来分析抽样算法的计算效率,并且进行了参数灵敏度分析,其中第二个实例包含 1200 个阶段,截至 2022 年尚未在其他 PMS 文献中找到类似规模的算例,实验证明抽样算法不仅计算结果正确,而且在计算效率上优势明显。

4.1 相关概念

4.1.1 离散时间可用度

系统可靠度 $R_{sys}(t)$ 与系统可用度 $A_{sys}(t)$ 是描述系统性能的经典指标。在众多可靠性文献中,系统可靠度 $R_{sys}(t)$ 大都通过首次故障时间来定义,即

$$R_{sys}(t) = \Pr\{T > t\} \tag{4.1}$$

式中,T 表示系统正常工作的时间,也可理解为系统寿命或首次故障时间;从可靠度的定义出发,系统在时刻 t 可靠也可理解为事件"系统在时段 $[0,t]$ 内从未故障"。因此系统可靠度也可定义为

$$R_{sys}(t) = \Pr\{\text{系统在时段}[0,t]\text{内从未故障}\} \tag{4.2}$$

$R_{sys}(t)$ 侧重于描述首次故障的发生时间,而系统可用度 $A_{sys}(t)$ 则侧重于描述系统在时刻 t 的状态。根据可用度的定义,一个"可靠"的系统必然一直保持"可用"。因此,系统可用度又称为广义可靠度[2],如图 4.1 所示,$A_{sys}(t)$ 可定义为

$$A_{sys}(t) = \Pr\{\text{系统在时刻 0 与时刻 } t \text{ 未故障}\} \tag{4.3}$$

系统可靠度 $R_{sys}(t) \leqslant$ 系统可用度 $A_{sys}(t)$

图 4.1 系统可靠度与系统可用度间的关系

对比 $R_{sys}(t)$ 与 $A_{sys}(t)$ 的定义不难发现 $R_{sys}(t) \leqslant A_{sys}(t)$。第 1 章指出,不可修系统通常指不包含可修部件的 PMS,对于不可修系统,若系统在时间 t 可用,则必然在 $[0,t]$ 时段内从未发生故障,所以

$$R_{sys}(t) = A_{sys}(t), \quad \text{如果系统不可修} \tag{4.4}$$

另外,如果 PMS 包含部分可修部件,假设当系统失效后部件的维修工作不会中止,那么此时

$$R_{sys}(t) < A_{sys}(t), \quad \text{如果系统可修} \tag{4.5}$$

考虑一组不等式(4.6),该不等式刻画了 $R_{sys}(t)$ 与 $A_{sys}(t)$ 间的细微差异。

$$
\begin{aligned}
R_{sys}(t) &= \Pr\{\text{系统在时段}[0,t]\text{内从未故障}\} \\
&\leqslant \Pr\{\text{系统在时刻 } 0, 0.1, 0.2, \cdots, t \text{ 未故障}\} \\
&\leqslant \Pr\{\text{系统在时刻 } 0, 1, 2, \cdots, t \text{ 未故障}\} \\
&\leqslant \Pr\{\text{系统在时段 0 与时刻 } t \text{ 未故障}\} = A_{sys}(t) \tag{4.6}
\end{aligned}
$$

从不等式(4.6)不难发现,事件"系统在时刻 $0,1,2,\cdots,t$ 未故障"不仅要求系

统在时刻 0、时刻 t 可用,还要求系统在时刻 $1,2,\cdots,t-1$ 也可保持可用,因此不难理解其概率小于等于 $A_{sys}(t)$。随着事件的刻画更加精细,离散的刻画形式将逐渐趋近于连续的刻画形式。

针对一组给定的离散时间点 $\tau_1,\tau_2,\cdots,t$,系统的"离散时间可用度"$\hat{A}_{sys}$ 为

$$\hat{A}_{sys}(\tau_1,\tau_2,\cdots,t)=\Pr\{系统在时刻 0,\tau_1,\tau_2,\cdots,t 未故障\} \tag{4.7}$$

随着离散时间点的数量增加,$\hat{A}_{sys}$ 要求系统在更紧密的时间点保持良好状态,因此离散时间可用度将趋近于系统可靠度,即

$$\lim_{Num_\tau \to +\infty}\hat{A}_{sys}=R_{sys}(t) \tag{4.8}$$

式中,Num_τ 表示离散抽样点的个数。也就是说,当离散时间点数量较多时,系统可靠度约等于离散时间可用度,即当 Num_τ 较大时,

$$R_{sys}(t)\approx\hat{A}_{sys} \tag{4.9}$$

离散时间可用度 $\hat{A}_{sys}$ 的提出具有一定的理论创新性,它提供了一种逼近系统可靠度的近似方法。4.2 节提出的抽样算法,首先计算 PMS 的离散时间可用度 $\hat{A}_{sys}$,然后通过增多离散时间点 $\tau_1,\tau_2,\cdots,t$ 来逼近系统可靠度,最后提出另一个新的可靠性概念——约简成功状态。

4.1.2　约简成功状态

成功状态(success state)与失效状态(failure state)是状态空间方法的常用概念。成功状态 $S(t)=(a_1,a_2,\cdots,a_n)$ 指的是一组特定的部件状态组合,这个组合可使系统在时间 t 保持良好。如果两状态部件 K 在时间 t 保持良好,则 $S(t)$ 的元素 $a_K=u_K(t)$,否则 $a_K=d_K(t)$。由于状态空间方法存在状态爆炸问题,成功状态 $S(t)$ 的数量通常增长很快。为缓解状态爆炸问题,这里用符号 $e_K(t)$ 来代替 $u_K(t)$ 和 $d_K(t)$ 同时出现的情形。$\boldsymbol{D}_i^{(k)}$ 可表示为

$$e_K(t)=\begin{cases}u_K(t), & 如果部件 K 在时间 t 的状态良好; \\ d_K(t), & 如果部件 K 在时间 t 的失效。\end{cases} \tag{4.10}$$

符号 $e_K(t)$ 将许多成功状态合并起来形成"约简成功状态"(simplified success state)。例如,考虑一个如图 4.2 所示的系统,约简成功状态基于系统 BDD 通路(从根节点到底层节点 1)生成,约简的成功状态的数量等于 BDD 通道的个数。对于该系统,传统成功状态共有 13 个,而约简成功状态只有 3 个,避免了状态爆炸问题。

鉴于目前 BDD 生成算法较为成熟,约简成功状态的编程实现障碍较少。当系统部件增多时,应选择一个合理的 BDD 节点排序策略(可参考文献[43]),约简成功状态的数量可避免指数级增长。约简成功状态与部件行为向量的主要区别在

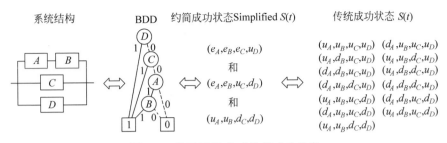

图 4.2　基于 BDD 生成约简成功状态

于：约简成功状态能够描述任意时刻的部件状态，而部件行为向量只能描述整个阶段的部件行为，如表 4.1 所示。

表 4.1　约简成功状态与部件行为向量的区别

项　　　目	主　要　元　素	用　　　途
约简成功状态 Simplified $S(t)$	符号 $u_K(t)$、$d_K(t)$、$e_K(t)$	刻画在某一时刻 单个部件的状态
部件行为向量 CBV	矩阵 $\boldsymbol{U}_i^{(k)}$、$\boldsymbol{D}_i^{(k)}$、$\boldsymbol{E}_i^{(k)}$	刻画在整个阶段 所有部件的状态

4.2　基于约简成功状态的抽样算法

本节首先从单阶段系统出发，介绍评估系统可靠度的抽样算法，然后将该算法拓展到多阶段任务系统，最后结合具体实例介绍评估 PMS 可靠度的抽样算法。本章给出的抽样算法包含如下假设。

（1）PMS 的阶段持续时间固定不变。

（2）PMS 的阶段顺序固定不变。

（3）各部件的失效行为和维修行为相互独立。

（4）各部件的寿命和维修时间服从指数分布。

（5）部件失效后，维修立刻展开。

总体来说，抽样算法主要分为以下三步。

步骤 1　选取抽样时间点，构建每个离散时间点的约简成功状态。

步骤 2　通过状态映射，计算各成功状态的概率值。

步骤 3　在任务结束时，对所有成功状态的概率求和得出离散时间可用度，将其作为系统可靠度的近似。

4.2.1　单阶段任务可靠性分析的抽样算法

考虑如图 4.2 的单阶段系统，为估算系统在 $t=3$ 的可靠度，抽样算法首先将时间假设为离散态,并找出时刻 0,1,2,3 的约简成功状态,如图 4.3 所示。从图中可以看出,成功状态 $S(t)$ 的概率来自于状态映射 $S(t-1) \rightarrow S(t)$,因此系统可靠度可表示为相应时刻的成功状态概率和,即

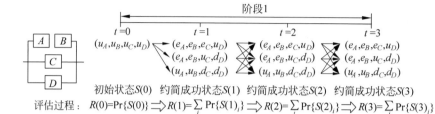

图 4.3　单阶段系统的抽样算法示意图

$$R_{\mathrm{sys}}(t) \approx \mathrm{Pr}(系统在时刻\ 0,1,2,t\ 未故障)$$
$$= \mathrm{Pr}(系统在\ t=1\ 的状态 \in \{S(1)_j\};系统在\ t=2\ 时的状态 \in \{S(2)_j\};$$
$$系统在时刻\ t\ 的状态 \in \{S(t)_j\})$$
$$= \sum_j \mathrm{Pr}\{S(t)_j\} \qquad (4.11)$$

式(4.11)提供了 种评估系统可靠度的新方法,该方法基于抽样时间点,因此称为"抽样方法"(sampling method),这种方法也可以理解为离散化方法的一种。约简成功状态的概率 $\mathrm{Pr}\{S(t)\}$ 依照时间先后顺序依次计算。通常来讲,在任务开始时,所有的部件都是完好可用的,因此在时刻 $t=0$ 系统只有一个成功状态,即 $S(0)=(u_A, u_B, u_C, u_D)$,它的概率是

$$\mathrm{Pr}\{S(0)\} = R_{\mathrm{sys}}(0) = 1 \qquad (4.12)$$

然后算法通过状态映射,计算时刻 $t=1$ 成功状态的概率。以 $S(1)_1=(e_A, e_B, e_C, u_D)$ 为例($t=1$ 对应的第一个成功状态),$S(1)_1$ 的概率可表示为

$$\mathrm{Pr}\{S(1)_1\} = \mathrm{Pr}\{S(0)\} \cdot \mathrm{Pr}\{S(0) \rightarrow S(1)_1\}$$
$$= 1 \cdot \mathrm{Pr}\{u_A(0) \rightarrow e_A(1)\} \cdot \mathrm{Pr}\{u_B(0) \rightarrow e_B(1)\} \cdot$$
$$\mathrm{Pr}\{u_C(0) \rightarrow e_C(1)\} \cdot \mathrm{Pr}\{u_D(0) \rightarrow u_D(1)\} \qquad (4.13)$$

因为 $e_K(1)$ 代表 $u_K(1)$ 或 $d_K(1)$,所以

$$\mathrm{Pr}\{u_K(t_0) \rightarrow e_K(t_1)\} = 1$$
$$\mathrm{Pr}\{d_K(t_0) \rightarrow e_K(t_1)\} = 1 \quad (t_0 < t_1) \qquad (4.14)$$
$$\mathrm{Pr}\{e_K(t_0) \rightarrow e_K(t_1)\} = 1$$

根据上式,$\mathrm{Pr}\{S(1)_1\}$ 可简化为

$$\mathrm{Pr}\{S(1)_1\} = \mathrm{Pr}\{u_D(0) \rightarrow u_D(1)\}$$
$$= \mathrm{UpState}_K \cdot \exp\left[\begin{pmatrix} -\lambda_K & \lambda_K \\ \mu_K & -\mu_K \end{pmatrix} \cdot 1\right] \cdot \begin{pmatrix} 1 & 0 \\ 0 & 0 \end{pmatrix} \cdot \begin{pmatrix} 1 \\ 1 \end{pmatrix} \qquad (4.15)$$

其中 $\mathrm{UpState}_K = (1,0)$ 是两状态部件 K 在时刻 $t=0$ 的初始状态。矩阵和向量乘

积$[1,0;0,0]\cdot[1,1]'$用来将向量$\text{UpState}_K\cdot\exp([-\lambda,\lambda;\mu,-\mu]\cdot1)$的第一个元素剥离出来。式(4.15)成立的条件是部件K的寿命和维修时间服从指数分布。

对于时刻$t=2$的约简成功状态，同样使用状态映射的方法计算成功状态的概率。例如，$S(2)_2=(e_A,e_B,u_C,d_D)$的概率可通过式(4.16)计算。

$$\begin{aligned}
\Pr\{S(2)_2\}=&\Pr\{S(1)_1\}\cdot\Pr\{S(1)_1\to S(2)_2\}+\\
&\Pr\{S(1)_2\}\cdot\Pr\{S(1)_2\to S(2)_2\}+\\
&\Pr\{S(1)_3\}\cdot\Pr\{S(1)_3\to S(2)_2\}
\end{aligned} \tag{4.16}$$

式中

$$\begin{aligned}
\Pr\{S(1)_1\to S(2)_2\}&=\Pr\{e_C(1)\to u_C(2)\}\cdot\Pr\{u_D(1)\to d_D(2)\}\\
\Pr\{S(1)_2\to S(2)_2\}&=\Pr\{u_C(1)\to u_C(2)\}\cdot\Pr\{d_D(1)\to d_D(2)\}\\
\Pr\{S(1)_3\to S(2)_2\}&=\Pr\{d_C(1)\to u_C(2)\}\cdot\Pr\{d_D(1)\to d_D(2)\}
\end{aligned} \tag{4.17}$$

其中，$d_K(t_0)\to u_K(t_1)$表示部件K的状态从失效(在时刻t_0)转移为成功(在时刻t_1)。因此

$$\begin{aligned}
\Pr\{d_K(t_0)\to u_K(t_1)\}=&\text{DownState}_K\cdot\\
&\exp\left[\begin{pmatrix}-\lambda_K & \lambda_K\\ \mu_K & -\mu_K\end{pmatrix}\cdot(t_1-t_0)\right]\cdot\begin{pmatrix}1 & 0\\ 0 & 0\end{pmatrix}\cdot\begin{pmatrix}1\\1\end{pmatrix}\\
\Pr\{d_K(t_0)\to d_K(t_1)\}=&\text{DownState}_K\cdot\\
&\exp\left[\begin{pmatrix}-\lambda_K & \lambda_K\\ \mu_K & -\mu_K\end{pmatrix}\cdot(t_1-t_0)\right]\cdot\begin{pmatrix}0 & 0\\ 1 & 0\end{pmatrix}\cdot\begin{pmatrix}1\\1\end{pmatrix}
\end{aligned} \tag{4.18}$$

式中，$\text{DownState}_K=(0,1)$表示部件K在时刻t_0是失效状态。类似地，状态映射$u_K(t_0)\to u_K(t_1)$、$u_K(t_0)\to d_K(t_1)$的概率可表示为

$$\begin{aligned}
\Pr\{u_K(t_0)\to u_K(t_1)\}=&\\
&\text{UpState}_K\cdot\exp\left[\begin{pmatrix}-\lambda_K & \lambda_K\\ \mu_K & -\mu_K\end{pmatrix}\cdot(t_1-t_0)\right]\cdot\begin{pmatrix}1 & 0\\ 0 & 0\end{pmatrix}\cdot\begin{pmatrix}1\\1\end{pmatrix}\\
\Pr\{u_K(t_0)\to d_K(t_1)\}=&\\
&\text{UpState}_K\cdot\exp\left[\begin{pmatrix}-\lambda_K & \lambda_K\\ \mu_K & -\mu_K\end{pmatrix}\cdot(t_1-t_0)\right]\cdot\begin{pmatrix}0 & 0\\ 1 & 0\end{pmatrix}\cdot\begin{pmatrix}1\\1\end{pmatrix}
\end{aligned} \tag{4.19}$$

回到式(4.17)，映射$\Pr\{e_C(1)\to u_C(2)\}$可通过下式计算

$$\begin{aligned}
\Pr\{e_K(t_0)\to u_K(t_1)\}=&\\
&\text{UpState}_K\cdot\exp\left[\begin{pmatrix}-\lambda_K & \lambda_K\\ \mu_K & -\mu_K\end{pmatrix}\cdot t_1\right]\cdot\begin{pmatrix}1 & 0\\ 0 & 0\end{pmatrix}\cdot\begin{pmatrix}1\\1\end{pmatrix}\\
\Pr\{e_K(t_0)\to d_K(t_1)\}=&\\
&\text{UpState}_K\cdot\exp\left[\begin{pmatrix}-\lambda_K & \lambda_K\\ \mu_K & -\mu_K\end{pmatrix}\cdot t_1\right]\cdot\begin{pmatrix}0 & 0\\ 1 & 0\end{pmatrix}\cdot\begin{pmatrix}1\\1\end{pmatrix}
\end{aligned} \tag{4.20}$$

　　总结起来，t 时刻成功状态的概率 $\Pr\{S(t)\}$ 是通过 $t-1$ 时刻的状态概率 $\Pr\{S(t-1)\}$ 和状态映射的概率 $\Pr\{S(t-1){\rightarrow}S(t)\}$ 计算出来的。在任务结束时，算法通过 $\Pr\{S(2)\}$ 和 $\Pr\{S(2){\rightarrow}S(3)\}$ 计算 $\Pr\{S(3)\}$，本节算例的可靠度可以通过式(4.21)估计。整个算法的流程图如图 4.4 所示。

$$R_{\text{sys}}(3) \approx \sum_{j=1}^{3} \Pr\{S(3)_j\} \tag{4.21}$$

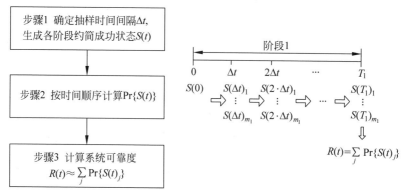

图 4.4　单阶段系统抽样算法计算流程图

　　从式(4.11)不难发现，随着抽样间隔 Δt 的缩短(或抽样点的增多)，系统可靠度的真值 $R_{\text{sys}}(t)$ 与算法结果 $\sum\limits_{j} \Pr\{S(t)_j\}$ 的差距逐渐缩小。4.5 节算例分析部分将用实验数据证实这一推论。对于本节算例，抽样间隔 $\Delta t=1$，算法共须计算 21 个状态映射(共有 3 个抽样时间点，$21=3+9\cdot 2$)。如果抽样间隔缩小为 $\Delta t=0.1$(即抽样时间点为 $0.1,0.2,\cdots,2.9$)，算法共须计算 264 个状态映射($264=3+9\cdot 29$)，这种计算量的增加是线性的，不会造成计算量爆炸问题。4.4 节将详细分析抽样间隔 Δt 与算法耗时的关系。

4.2.2　多阶段任务可靠性分析的抽样算法

　　总体来说，多阶段任务系统的抽样算法大体类似于单阶段系统的抽样算法，基本步骤与单阶段算法相同，最主要区别在于状态映射 $\Pr\{e_K(t_0){\rightarrow}u_K(t_1)\}$ 和 $\Pr\{e_K(t_0){\rightarrow}d_K(t_1)\}$ 的计算公式发生改变，其他状态映射公式不变。下面以图 4.5 的例子介绍多阶段任务系统的抽样算法，系统在时刻 $t=3$ 进入阶段 2。

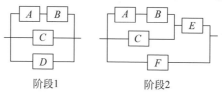

图 4.5　多阶段任务系统示例

抽样算法首先列出阶段 1 和阶段 2 的约简成功状态,然后设定抽样时间点间隔 $\Delta t = 1$,依时间顺序计算各状态的概率。在新阶段开始时刻 $t=3$,约简成功状态发生改变,如图 4.6 所示。例如,$\Pr\{S(4)_j\}$ 通过 $\Pr\{S(3)\}$ 和 $\Pr\{S(3) \rightarrow S(4)_j\}$ 计算,$S(4)_1$ 概率的计算方法见式(4.22)。

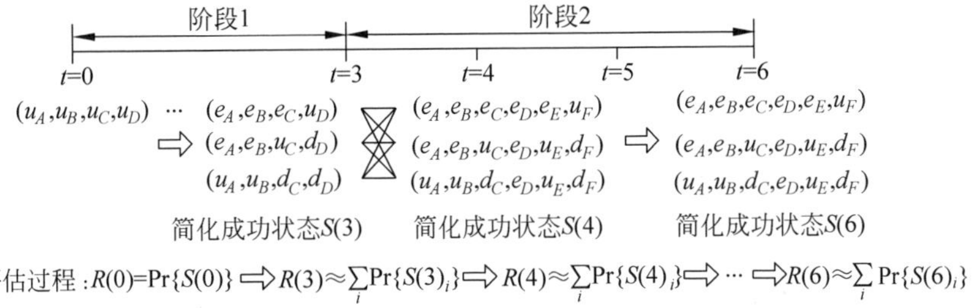

图 4.6　阶段转换时成功状态概率的递推计算方法

$$\Pr\{S(4)_1\} = \Pr\{S(3)_1\} \cdot \Pr\{S(3)_1 \rightarrow S(4)_1\} +$$
$$\Pr\{S(3)_2\} \cdot \Pr\{S(3)_2 \rightarrow S(4)_1\} +$$
$$\Pr\{S(3)_3\} \cdot \Pr\{S(3)_3 \rightarrow S(4)_1\} \qquad (4.22)$$

其中

$$\Pr\{S(3)_1 \rightarrow S(4)_1\} = \Pr\{e_F(3) \rightarrow u_F(4)\}$$

$$= \text{UpState}_F \cdot \exp\left[\begin{pmatrix} -\lambda_F^{(\text{phase1})} & \lambda_F^{(\text{phase1})} \\ \mu_F^{(\text{phase1})} & -\mu_F^{(\text{phase1})} \end{pmatrix} \cdot 3\right] \cdot$$

$$\exp\left[\begin{pmatrix} -\lambda_F^{(\text{phase2})} & \lambda_F^{(\text{phase2})} \\ \mu_F^{(\text{phase2})} & -\mu_F^{(\text{phase2})} \end{pmatrix} \cdot (4-3)\right] \begin{pmatrix} 1 & 0 \\ 0 & 0 \end{pmatrix} \cdot \begin{pmatrix} 1 \\ 1 \end{pmatrix}$$

$$(4.23)$$

式中,$\lambda_F^{(\text{phase 1})}$ 表示部件 F 在阶段 1 的失效率。本例子中部件 F 在阶段 1 并未使用,所以可设定 $\lambda_F^{(\text{phase 1})} = 0$(即假定 F 在空闲阶段不会损坏)。总结起来,在阶段 2,状态映射 $e_K(t_1) \rightarrow u_K(t_2)$ 和 $e_K(t_1) \rightarrow d_K(t_2)$ 的概率可以通过式(4.24)计算。

$$\Pr\{e_K(t_1) \rightarrow u_K(t_2)\} = \text{UpState}_K \cdot \exp\left[\begin{pmatrix} -\lambda_K^{(\text{phase1})} & \lambda_K^{(\text{phase1})} \\ \mu_K^{(\text{phase1})} & -\mu_K^{(\text{phase1})} \end{pmatrix} \cdot T_1\right] \cdot$$

$$\exp\left[\begin{pmatrix} -\lambda_K^{(\text{phase2})} & \lambda_K^{(\text{phase2})} \\ \mu_K^{(\text{phase2})} & -\mu_K^{(\text{phase2})} \end{pmatrix} \cdot (t_2 - T_1)\right] \cdot \begin{pmatrix} 1 & 0 \\ 0 & 0 \end{pmatrix} \cdot \begin{pmatrix} 1 \\ 1 \end{pmatrix}$$

$$\Pr\{e_K(t_1) \to d_K(t_2)\} = \mathrm{UpState}_K \cdot \exp\left[\begin{pmatrix} -\lambda_K^{(\mathrm{phase1})} & \lambda_K^{(\mathrm{phase1})} \\ \mu_K^{(\mathrm{phase1})} & -\mu_K^{(\mathrm{phase1})} \end{pmatrix} \cdot T_1\right] \cdot$$

$$\exp\left[\begin{pmatrix} -\lambda_K^{(\mathrm{phase2})} & \lambda_K^{(\mathrm{phase2})} \\ \mu_K^{(\mathrm{phase2})} & -\mu_K^{(\mathrm{phase2})} \end{pmatrix} \cdot (t_2 - T_1)\right] \cdot \begin{pmatrix} 0 & 0 \\ 1 & 0 \end{pmatrix} \cdot \begin{pmatrix} 1 \\ 1 \end{pmatrix}$$

$$(T_1 \leqslant t_1 < t_2) \qquad (4.24)$$

式中,T_1 表示阶段 1 的持续时间。当算法计算出 $\Pr\{S(6)_1\}$,$\Pr\{S(6)_2\}$ 和 $\Pr\{S(6)_3\}$ 后,系统在 $t=6$ 的可靠度通过式(4.25)计算。

$$R_{\mathrm{sys}}(6) \approx \sum_{i=1}^{3} \Pr\{S(6)_i\} \qquad (4.25)$$

一般地,设多阶段任务系统包含 p 个阶段($p \in \mathbb{Z}^+$ 且 $p \geqslant 2$)且 $\sum\limits_{i=1}^{p-1} T_i \leqslant t_1 < t_2 \leqslant \sum\limits_{i=1}^{p} T_i$,式(4.24)中 $\Pr\{e_K(t_1) \to u_K(t_2)\}$ 可被重写为

$$\Pr\{e_K(t_1) \to u_K(t_2)\} = \mathrm{UpState}_K \cdot \prod_{j=1}^{x} \exp\left[\begin{pmatrix} -\lambda_K^{(\mathrm{phase}p-j)} & \lambda_K^{(\mathrm{phase}p-j)} \\ \mu_K^{(\mathrm{phase}p-j)} & -\mu_K^{(\mathrm{phase}p-j)} \end{pmatrix} \cdot T_{p-j}\right] \cdot$$

$$\exp\left[\begin{pmatrix} -\lambda_K^{(\mathrm{phase}p)} & \lambda_K^{(\mathrm{phase}p)} \\ \mu_K^{(\mathrm{phase}p)} & -\mu_K^{(\mathrm{phase}p)} \end{pmatrix} \cdot \left(t_2 - \sum_{i=1}^{p-1} T_i\right)\right] \cdot \begin{pmatrix} 1 & 0 \\ 0 & 0 \end{pmatrix} \cdot \begin{pmatrix} 1 \\ 1 \end{pmatrix}$$

$$(4.26)$$

式中,T_{p-j} 表示阶段 $p-j$ 的持续时间;整数 x($1 \leqslant x \leqslant p-1$)是算法参数,表示部件"无记忆性"。许多工程中的 PMS 模型通常包含许多重复阶段。设每隔 m 阶段相同的系统结构就会重复,则 x 可定义为

$$x = \begin{cases} m-1, & \text{如果部件 } K \text{ 可修,并且 PMS 包含重复阶段} \\ p-1, & \text{否则} \end{cases} \qquad (4.27)$$

类似于式(4.26),$\Pr\{e_K(t_1) \to d_K(t_2)\}$ 可重写为

$$\Pr\{e_K(t_1) \to d_K(t_2)\} = \mathrm{UpState}_K \cdot \prod_{j=1}^{x} \exp\left[\begin{pmatrix} -\lambda_K^{(\mathrm{phase}p-j)} & \lambda_K^{(\mathrm{phase}p-j)} \\ \mu_K^{(\mathrm{phase}p-j)} & -\mu_K^{(\mathrm{phase}p-j)} \end{pmatrix} \cdot T_{p-j}\right] \cdot$$

$$\exp\left[\begin{pmatrix} -\lambda_K^{(\mathrm{phase}p)} & \lambda_K^{(\mathrm{phase}p)} \\ \mu_K^{(\mathrm{phase}p)} & -\mu_K^{(\mathrm{phase}p)} \end{pmatrix} \cdot \left(t_2 - \sum_{i=1}^{p-1} T_i\right)\right] \cdot \begin{pmatrix} 0 & 0 \\ 1 & 0 \end{pmatrix} \cdot \begin{pmatrix} 1 \\ 1 \end{pmatrix}$$

$$(4.28)$$

除了 $\Pr\{e_K(t_0) \to u_K(t_1)\}$ 和 $\Pr\{e_K(t_0) \to d_K(t_1)\}$,其他状态映射的计算方法等同于单阶段的方法,这里其他状态映射包括 $u_K(t_1) \to u_K(t_2)$、$u_K(t_1) \to d_K(t_2)$、$d_K(t_1) \to u_K(t_2)$ 和 $d_K(t_1) \to d_K(t_2)$。对于多阶段任务系统,抽样方法

的计算流程如图 4.7 所示。

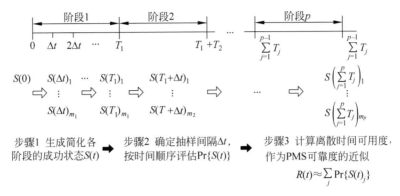

图 4.7 阶段系统抽样算法计算流程图

4.2.3 针对不可修部件的算法简化策略

真实工程应用中的多阶段任务系统通常是可修部件和不可修部件的组合体。当单阶段部件数增多时,BDD 规模可能增大较快,从而导致约简成功状态数量较多。为了减少成功状态的个数,可以将第 2 章的截断策略引入到抽样算法的 BDD 中。另外,针对不可修部件,本节提供三种策略加速算法运算效率。

(1) 简化策略 1

如果部件 K 是不可修的,式(4.18)可以被简化为

$$\Pr\{d_K(t_0) \to u_K(t_1)\} = 0$$
$$\Pr\{d_K(t_0) \to d_K(t_1)\} = 1$$ (如果部件 K 不可修) (4.29)

虽然式(4.29)与式(4.18)并不矛盾,但简化后的式(4.29)避免了一些矩阵运算,所以理论上状态映射的平均计算时间可以减少。特别是当不可修部件较多,且 K 是多状态部件时,可以省去一定的矩阵乘法计算量。

(2) 简化策略 2

如果不可修部件 K 在时刻 t 是完好无损的,算法应删除时刻 t 之前所有 K 失效的状态。例如,考虑如图 4.8 所示的星间通信子系统,其中部件 A 是不可修的。对该系统,部件 A 需要在阶段 2 保持完好以确保任务成功,为此算法应删除 $S(\alpha)_2$ (阶段 1 的第二个约简成功向量)。策略 2 应用在算法生成所有成功状态之后。

(3) 简化策略 3

某些 PMS 通常包含一些不可修且串联的子系统,针对这类子系统,整个 PMS 的可靠度可拆分为子系统可靠度的独立乘积。以图 4.8 的子系统 A 为例,算法可在构建阶段 2 的成功向量 $S(\beta)$ 时忽略 A,于是系统可靠度可表示为

$$R_{\text{PMS}}(t) = R_A(t) \cdot R_{B\&C}(t) \quad t \in (T_1, T_1 + T_2]$$ (4.30)

式中,$R_{B\&C}(t)$ 表示 B-C 结合子系统的可靠度;$R_A(t)$ 表示子系统 A 的可靠度。

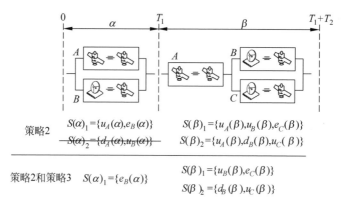

策略2 $S(\alpha)_1=\{u_A(\alpha),e_B(\alpha)\}$ $S(\beta)_1=\{u_A(\beta),u_B(\beta),e_C(\beta)\}$
        $\overline{S(\alpha)_2=\{d_A(\alpha),u_B(\alpha)\}}$ $S(\beta)_2=\{u_A(\beta),d_B(\beta),u_C(\beta)\}$

策略2和策略3 $S(\alpha)_1=\{e_B(\alpha)\}$ $S(\beta)_1=\{u_B(\beta),e_C(\beta)\}$
                                            $S(\beta)_2=\{d_B(\beta),u_C(\beta)\}$

图 4.8   针对不可修部件的策略 2 与策略 3

当子系统 A 内部结构比较复杂时,策略 3 尤为有效。

总体来说,综合运用截断策略与上述三个策略,可以大幅度地简化某些特定阶段的 BDD 规模,降低成功状态个数,简化算法总体运算量。上述三个策略加入算法后,新的算法流程如图 4.9 所示。

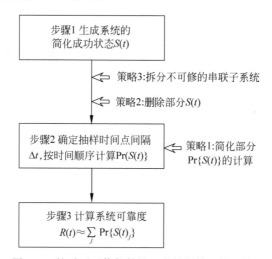

图 4.9   针对不可修部件的三个抽样算法简化策略

4.2.4　最优抽样时间间隔的确定

抽样时间点间隔 Δt 是影响算法精度的重要参数。Δt 越小则算法结果越接近可靠度真值,Δt 越大则算法结果越偏离真实可靠度。选用较小的 Δt 可使算法结果精度更高,但也会造成算法计算量的线性增长。如何在满足精度要求的情况下,选取一个合适的 Δt 实现最低的计算量,是本节讨论的重点。为简化说明,定义下列符号。

τ：离散的抽样时间点；

T_i：阶段 i 的持续时间；

Δt_i：阶段 i 的抽样点 τ 时间间隔，$\Delta t_i \leqslant T_i$；

$\mathrm{Num}_\tau^{(i)}$：阶段 i 中抽样点的数量；

Num_τ：若各阶段 $\mathrm{Num}_\tau^{(i)}$ 相同，用 Num_τ 代替 $\mathrm{Num}_\tau^{(i)}$；

$\hat{A}_{\mathrm{sys}}$：系统的离散时间可用度，其定义见式(4.7)；

e_τ：算法离散化误差，表示算法结果与可靠度真值间的差异，即

$$e_\tau = \hat{A}_{\mathrm{sys}} - R_{\mathrm{sys}}(t) \tag{4.31}$$

ε：用户容许的离散化误差，如果 $e_\tau < \varepsilon$，则认为算法误差在合理范围内。

根据 $\hat{A}_{\mathrm{sys}}$ 和 $R_{\mathrm{sys}}(t)$ 的定义，"系统在时间 t 是可靠的"意味着"系统在时段 $[0,t]$ 内一直可用"。本章算法用抽样点的个数 Num_τ 描述"一直"这个词。随着 $\mathrm{Num}_\tau^{(i)}$ 增大，算法离散化误差减小，即

$$\lim_{\mathrm{Num}_\tau \to +\infty} e_\tau = 0 \tag{4.32}$$

式(4.32)与式(4.8)意义相同。

下面提供一个三步骤策略，找出一个使算法运算量最小，且同时满足 $e_\tau < \varepsilon$ 的 Num_τ。

步骤 1　首先任意给定一系列较低 Num_τ 值，例如 $\mathrm{Num}_\tau = 10, 20, \cdots, 100$，运行抽样算法得出计算结果 $\hat{A}_{\mathrm{sys}}$。

步骤 2　使用负指数函数模型拟合步骤 1 的结果 $(\mathrm{Num}_\tau, \hat{A}_{\mathrm{sys}})$，也就是说，构建拟合模型，并确定模型参数 a, b, c。

$$\hat{A}_{\mathrm{sys}}(\mathrm{Num}_\tau) = a \cdot \exp(-1 \cdot b \cdot \mathrm{Num}_\tau) + c \tag{4.33}$$

根据算法结果 $(\mathrm{Num}_\tau, \hat{A}_{\mathrm{sys}})$，通过式(4.34)和式(4.35)估计系统可靠度真值 R_{sys} 和算法离散化误差。

$$R_{\mathrm{sys}} = \lim_{\mathrm{Num}_\tau \to +\infty} \hat{A}_{\mathrm{sys}} = c \tag{4.34}$$

$$e_\tau = \hat{A}_{\mathrm{sys}} - c \tag{4.35}$$

不同的抽样时间间隔对应于不同的离散化误差，根据模型式(4.33)可得到 Num_τ 对应的三元组 $(\mathrm{Num}_\tau, \hat{A}_{\mathrm{sys}}, e_\tau)$。

步骤 3　根据给定的用户容许误差 ε，选择一个 Num_τ 使得 $e_\tau < \varepsilon$。

大量的实验分析指出，在步骤 2 中选择负指数函数描述 $\hat{A}_{\mathrm{sys}}$ 与 Num_τ 之间的关系是较为合理的。总结来说，对于大型的 PMS，算法首先使用一系列较小的 Num_τ 参数快速得出相应的算法结果 $\hat{A}_{\mathrm{sys}}$，然后使用拟合方法得出系统可靠度真值，最后通过拟合曲线选取一个满足精度的且最小 Num_τ。确定参数 Δt 的三个步

骤如图 4.10 所示。

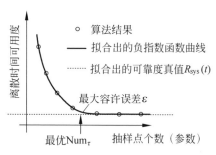

图 4.10   最优抽样时间间隔的确定方法

4.3   抽样方法的推广

4.3.1   针对多状态部件的算法推广

本节将抽样方法推广应用于包含多状态部件的 PMS。当系统包含多状态部件时,算法可使用多状态多值决策图(multistate multivalued decision diagram,MMDD)[45,88]来生成约简成功状态,抽样算法其他步骤大致不变。考虑一个包含多状态部件 A、B 的并联系统,部件 A、B 的马尔可夫链如图 4.11 所示,其中状态"0"是失效状态,状态"1"和状态"2"都是良好状态。根据 MMDD 从根节点 A 到底层节点 1 的通路,算法步骤 1 生成 4 个约简成功状态 (u_{A1},e_B)、(u_{A2},e_B)、(d_A,u_{B1})、(d_A,u_{B2})。

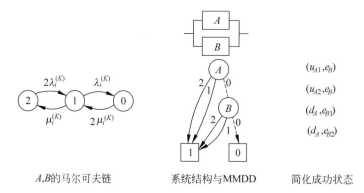

A,B 的马尔可夫链　　　系统结构与 MMDD　　　简化成功状态

图 4.11   多状态部件的约简成功状态生成方法

抽样算法步骤 2 中,多状态部件对应 $\Pr\{S(t)\}$ 的计算方法与两状态部件的计算方法略有不同。算法须将式(4.18)～式(4.20)的 2×2 矩阵转换为相应的高阶形式,例如 $\Pr\{u_{B1}(t_0)\rightarrow u_{B1}(t_1)\}$ 应重写为

$$\Pr\{u_{B1}(t_0) \rightarrow u_{B1}(t_1)\}$$

$$= (0,1,0) \cdot \exp\left[\begin{pmatrix} -2\lambda_i^{(B)} & 2\lambda_i^{(B)} & 0 \\ \mu_i^{(B)} & -(\mu_i^{(B)}+\lambda_i^{(B)}) & \lambda_i^{(B)} \\ 0 & 2\mu_i^{(B)} & -2\mu_i^{(B)} \end{pmatrix} \cdot (t_1-t_0)\right] \cdot \begin{pmatrix} 0 & 0 & 0 \\ 0 & 1 & 0 \\ 0 & 0 & 0 \end{pmatrix} \cdot \begin{pmatrix} 1 \\ 1 \\ 1 \end{pmatrix}$$

$$(4.36)$$

式中,$B1$ 表示部件 B 的状态"1"。可以看出,状态"1"排在第二个位置(状态"0"排在首位,状态"2"排在第三位),因此式(4.36)的初始状态向量为$(0,1,0)$,类似地,$\Pr\{u_{B1}(t_0) \rightarrow d_{B0}(t_1)\}$ 应重写为

$$\Pr\{u_{B1}(t_0) \rightarrow d_{B0}(t_1)\}$$

$$= (0,1,0) \cdot \exp\left[\begin{pmatrix} -2\lambda_i^{(B)} & 2\lambda_i^{(B)} & 0 \\ \mu_i^{(B)} & -(\mu_i^{(B)}+\lambda_i^{(B)}) & \lambda_i^{(B)} \\ 0 & 2\mu_i^{(B)} & -2\mu_i^{(B)} \end{pmatrix} \cdot (t_1-t_0)\right] \cdot \begin{pmatrix} 1 & 0 & 0 \\ 0 & 0 & 0 \\ 0 & 0 & 0 \end{pmatrix} \cdot \begin{pmatrix} 1 \\ 1 \\ 1 \end{pmatrix}$$

$$(4.37)$$

对于单阶段系统,$\Pr\{e_B(t_0) \rightarrow u_{B1}(t_1)\}$ 应表示为

$$\Pr\{e_B(t_0) \rightarrow u_{B1}(t_1)\}$$

$$= (0,1,0) \cdot \exp\left[\begin{pmatrix} -2\lambda_i^{(B)} & 2\lambda_i^{(B)} & 0 \\ \mu_i^{(B)} & -(\mu_i^{(B)}+\lambda_i^{(B)}) & \lambda_i^{(B)} \\ 0 & 2\mu_i^{(B)} & -2\mu_i^{(B)} \end{pmatrix} \cdot t_1\right] \cdot \begin{pmatrix} 0 & 0 & 0 \\ 0 & 1 & 0 \\ 0 & 0 & 0 \end{pmatrix} \cdot \begin{pmatrix} 1 \\ 1 \\ 1 \end{pmatrix}$$

$$(4.38)$$

更一般地,当系统为 PMS 时,$\Pr\{e_B(t_0) \rightarrow u_{B1}(t_1)\}$ 应写为

$$\Pr\{e_B(t_1) \rightarrow u_{B1}(t_2)\}$$

$$= (0,1,0) \cdot \prod_{j=1}^{x} \exp\left[\begin{pmatrix} -2\lambda_B^{(\text{phase}p-j)} & 2\lambda_B^{(\text{phase}p-j)} & 0 \\ \mu_B^{(\text{phase}p-j)} & -(\mu_B^{(\text{phase}p-j)}+\lambda_B^{(\text{phase}p-j)}) & \lambda_B^{(\text{phase}p-j)} \\ 0 & 2\mu_B^{(\text{phase}p-j)} & -2\mu_B^{(\text{phase}p-j)} \end{pmatrix} \cdot T_{p-j}\right] \cdot$$

$$\exp\left[\begin{pmatrix} -2\lambda_B^{(\text{phase}p)} & 2\lambda_B^{(\text{phase}p)} & 0 \\ \mu_B^{(\text{phase}p)} & -(\mu_B^{(\text{phase}p)}+\lambda_B^{(\text{phase}p)}) & \lambda_B^{(\text{phase}p)} \\ 0 & 2\mu_B^{(\text{phase}p)} & -2\mu_B^{(\text{phase}p)} \end{pmatrix} \cdot \left(t_2-\sum_{i=1}^{p-1}T_i\right)\right] \cdot \begin{pmatrix} 1 & 0 \\ 0 & 0 \end{pmatrix} \cdot \begin{pmatrix} 1 \\ 1 \end{pmatrix}$$

$$(4.39)$$

其他状态映射的计算方式类似于式(4.39)。抽样算法后续步骤(成功状态概率计算、可靠度计算)与 4.2 节关于两状态部件的描述相同。综上所述,当系统包含多状态部件时,抽样算法的运算流程如图 4.12 所示。

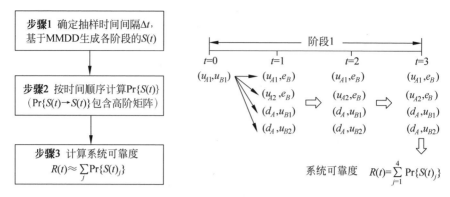

图 4.12   针对多状态部件的抽样算法流程图

4.3.2   针对多阶段网络的算法推广

本节将抽样方法推广应用于多阶段网络系统(multi-phase network systems,MPNS)的两端可靠性分析(two-terminal reliability analysis)。多阶段网络系统是一种描述现实工程应用的常见网络模型,在通信系统和交通网络中,两端可靠性是描述系统功能的重要分析依据,是系统设计和维护的重要参考指标。关于网络可靠性的研究始于 20 世纪 70 年代,早期的方法主要是枚举最小割集(minimal cuts)[103-107]或最小通路(minimal paths)[108-109],还有基于分型理论的(factoring theory)的算法[110-117];然而目前很少有关于 MPNS 两端可靠性的研究。本节应用抽样方法,分析 MPNS 的两端可靠性。

当分析对象为 MPNS 时,算法主体部分保持不变,抽样算法仍然包含三步。

步骤 1   选取抽样点,基于网络 BDD 构建每个离散时间点的约简成功状态。

步骤 2   通过状态映射,计算各成功状态的概率值。

步骤 3   在任务结束时,对所有成功状态的概率求和得出离散时间可用度,将其作为系统可靠度的近似。

下面结合具体 MPNS 算例,介绍上述步骤。考虑一个如图 4.13 所示的多阶

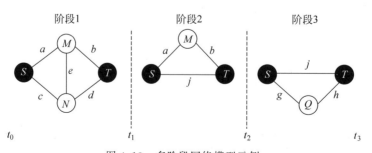

图 4.13   多阶段网络模型示例

段通信网络,该网络包含三个任务阶段,抽样方法的目标是求出该网络(经过三个阶段后)初始端点与结束端点连通可达的概率。图中 S、T、M、N 均为通信网络节点(vertices),$a \sim j$ 均表示通信链路(links)。假设模型中节点不会失效,只有链路会失效,抽样算法首先对各阶段建立链路的 BDD(节点失效问题可参考 Torrieri[118] 及 Netes[119] 的论文)。

步骤 1　基于网络 BDD 构建约简成功状态。

文献[120-125]中对网络系统构建 BDD 的方法有很多,本节采用武小悦[126]提出的网络 BDD 生成方案:首先得出第一阶段的最小路径(minimal paths)ab,aed,cd 和 ceb,该阶段的布尔逻辑函数为

$$F_{\text{阶段1}} = ab + aed + cd + ceb \tag{4.40}$$

在式(4.40)中,设 $L(x)$ 是链路 x 的长度,在所有包含 x 的最小路径中,$L(x)$ 定义为最短路径的长度。例如,对于链路 a,$L(a)=2$ 因为包含 a 的最短路径为 ab(aed 长度为3,并非最短),相似地 $L(b)=L(c)=L(d)=2$,$L(e)=3$。而后 $F_{\text{阶段1}}$ 最短的链路变量拆分,意味着选取 a 拆分 $F_{\text{阶段1}}$(也可以选择 b、c、d),于是 $F_{\text{阶段1}}$ 被拆分为

$$\begin{aligned}F_{a=1} &= b + ed + cd + ceb \\ F_{a=0} &= cd + ceb \end{aligned} \tag{4.41}$$

当 $F_{\text{阶段1}}$ 有多个链路变量最短时,应选取出现次数最频繁的作为拆分单元。式(4.41)的拆分过程将一直重复直到分解出阶段的 BDD,如图 4.14 所示。图中每个 BDD 节点表示网络通信链路的行为,例如,j_2 表示链路 j 在阶段2的行为。如果算法认为网络节点也会失效,则应在 BDD 生成过程中添加表示节点的布尔变量。基于各阶段 BDD 不难生成约简成功状态,如表 4.2 所示。

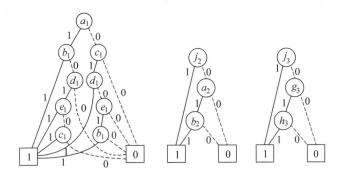

图 4.14　多阶段网络各阶段的 BDD

表 4.2　多阶段网络的约简成功状态

阶段	约简成功状态
1	$S(a)_1 = (u_A, u_B, e_C, e_D, e_E)$, $S(a)_2 = (u_A, d_B, e_C, u_D, u_E)$, $S(a)_3 = (u_A, d_B, u_C, u_D, d_E)$, $S(a)_4 = (d_A, e_B, u_C, u_D, e_E)$, $S(a)_5 = (d_A, u_B, u_C, d_D, u_E)$

续表

阶段	约简成功状态
2	$S(\beta)_1=(e_A,e_B,\cdots,u_J),S(\beta)_2=(u_A,u_B,\cdots,d_J)$
3	$S(\gamma)_1=(e_G,e_H,e_J),S(\gamma)_2=(u_G,u_H,d_J)$

步骤 2～步骤 3　依次计算成功状态的概率,并求出系统可靠性。

针对 MPNS,抽样算法在步骤 2 和步骤 3 与 4.2 节保持不变。生成约简成功状态后,抽样算法依时间先后顺序计算成功状态的概率,并在任务结束时刻计算 MPNS 的可靠度,如图 4.15 所示。

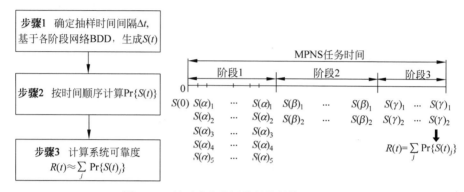

图 4.15　针对多阶段网络的抽样算法流程图

4.4　算法复杂度和适用性分析

4.4.1　计算复杂度分析

本章提出的抽样算法的主要目的是分析大规模可修 PMS,避免随 PMS 规模增长而计算量爆炸。为验证该论断,本节对抽样算法的计算时间做出理论分析,并在 4.5 节通过实验算例验证计算复杂度。除出现在 4.2.4 节的符号外,本节还定义下列符号。

σ_i:阶段 i 到阶段 $i+1$ 的转移时刻,显然 $\sigma_i=\sum_{j=1}^{i}T_j$,另外定义 $\sigma_0=0$;

p:多阶段任务系统的阶段总数;

$N_{\text{component}}$:多阶段任务系统的部件总数;

$N_{\text{BDDpath}}^{(\text{phase }i)}$:阶段 i 的 BDD 中,从根节点到吸收节点 1 的通道个数;

$N_{S(t)}$:时刻 t 的约简成功状态总数;

$N_{\text{Mappings}}^{(\text{phase }i)}$:阶段 i 中状态映射总数;

H_{Mapping}:状态映射的平均计算时间;

$H_{\text{singlePhase}}^{(\text{phase } i)}$：阶段 i 可靠度的计算时间；

H_{PMS}：整个 PMS 可靠度的计算时间。

对于阶段转移时刻 σ_i，这里假设 σ_i 属于阶段 i，而不属于阶段 $i+1$（即 σ_i 时刻的系统结构等同于 $\sigma_i - \Delta t_i$ 时刻的系统结构）。从图4.6不难发现，阶段 $i-1$ 到阶段 i 的映射总数为 $N_{S(\sigma_{i-1})} N_{S(\sigma_i)}$，阶段 i 内部包含映射的个数为 $N_{S(\sigma_i)}^2 (T_i / \Delta t_i - 1)$，因此，阶段 i 所有状态映射的总数为

$$N_{\text{Mappings}}^{(\text{phase } i)} = N_{S(\sigma_{i-1})} N_{S(\sigma_i)} + N_{S(\sigma_i)}^2 (T_i / \Delta t_i - 1) \tag{4.42}$$

其中，$N_{S(\sigma_0)} = 1$（因为系统的初始状态确定且 $\sigma_0 = 0$）。由于约简成功状态由 BDD 通道生成，所以 $N_{S(\sigma_i)} = N_{\text{BDDpath}}^{(\text{phase } i)}$。单阶段系统可靠度的计算时间可表示为映射平均计算时间与映射总数的乘积，即

$$\begin{aligned} H_{\text{singlePhase}}^{(\text{phase } i)} &= H_{\text{Mapping}} \cdot N_{\text{Mappings}}^{(\text{phase } i)} \\ &= H_{\text{Mapping}} \cdot \left[N_{\text{BDDpath}}^{(\text{phase } i-1)} \cdot N_{\text{BDDpath}}^{(\text{phase } i)} + (N_{\text{BDDpath}}^{(\text{phase } i)})^2 (T_i / \Delta t_i - 1) \right] \end{aligned} \tag{4.43}$$

其中 $N_{\text{BDDpath}}^{(\text{phase } 0)} = N_{S(\sigma_0)} = 1$，整体 PMS 可靠度的计算时间可表示为

$$\begin{aligned} H_{\text{PMS}} &= \sum_{i=1}^{p} H_{\text{singlePhase}}^{(\text{phase } i)} \\ &= H_{\text{Mapping}} \cdot \sum_{i=1}^{p} \left[N_{\text{BDDpath}}^{(\text{phase } i-1)} N_{\text{BDDpath}}^{(\text{phase } i)} + (N_{\text{BDDpath}}^{(\text{phase } i)})^2 (T_i / \Delta t_i - 1) \right] \end{aligned} \tag{4.44}$$

式（4.44）指出，PMS 可靠度的计算时间随着阶段总数 p 的增加而呈线性增长。根据 BDD 理论[41]，对于大部分节点排序策略，N_{BDDpath} 都不随着 $N_{\text{component}}$ 的增长而呈指数增长，因此根据式（4.44），H_{PMS} 也不随 $N_{\text{component}}$ 的增长而呈指数增长。式（4.44）并未考虑进一步降低算法计算量的截断策略和针对不可修部件的简化策略，如果加入这些策略，抽样算法计算时间将进一步降低。4.5节的算例分析部分考察两个实际工程中的 PMS，以验证本节对算法计算时间的理论分析。

4.4.2　算法适用性分析

本章提出的抽样方法基于 BDD 和 CTMC，属于模块化方法的一种。它的优点包括以下几点。

（1）当 PMS 阶段增多时，抽样方法的运算时间和内存消耗只会线性增加，而 Wang-Modular 方法与行为向量方法的计算量都会呈指数增长。

（2）当 PMS 部件增多时，抽样方法的运算时间和内存消耗不会呈指数增长，而传统马尔可夫模型将出现状态爆炸问题。

（3）相比于 Wang-Modular 方法与行为向量方法，抽样方法无需做出"修复部件只在新阶段开始后才能使用"的假设。

大量的文献经验和实验数据指出,当系统包含大量阶段时,绝大多数 BDD 方法会遭遇计算量爆炸问题,而马尔可夫模型对这类系统的计算效率较高。相反地,当系统包含大量可修部件时,传统的马尔可夫模型会遭遇状态爆炸问题,而 BDD 方法则在这方面有优势。也就是说,BDD 方法和状态空间方法各有其优势,各有其擅长的领域,如图 4.16 所示。

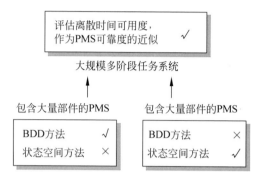

图 4.16 马尔可夫模型和 BDD 方法的优缺点比较

1.1 节指出,大型 PMS 不仅包含大量的部件,也包含着大量的阶段。当系统阶段增多时,即使加入 3.2 节提出的截断策略,Wang-Modular 方法与行为向量方法仍然会遭遇一定程度的计算量爆炸问题。本章提出的抽样算法采用类似状态映射的计算机制,继承了马尔可夫模型的优点,完全规避了阶段增多带来的问题,可用于分析包含上千阶段的 PMS。另外,抽样算法在单个阶段采用了 BDD,所以当部件较多时模型的内存占用并不大,这类似于 Wang-Modular 算法与行为向量方法,也就是说,抽样算法也继承了 BDD 方法的优点。综上所述,相比于现有模块化方法,抽样算法在计算量上有较大优势。

除了计算效率的优势,抽样算法还允许在任意时刻插入抽样点,使模型能更有效地描述阶段内部件的维修和重用。在 Wang-Modular 算法和行为向量方法中,BDD 和行为向量都无法刻画阶段内的维修行为,因此这两种方法都必须做出一个不太合理的假设。抽样算法则利用抽样点的灵活性彻底规避了这一问题,使算法的应用对象更广泛。

遗憾的是,抽样算法也不可避免地存在一定的局限性,这些局限性主要源于抽样算法的分析对象——PMS 这一模型本身固有的缺陷,总结起来主要有以下两方面。

(1) PMS 模型的阶段顺序必须固定。

(2) PMS 模型各阶段的持续时间必须是常数。

虽然抽样算法的适用对象存在上述缺陷,但仍可应用于一些真实工程实例,例如卫星测控系统的阶段顺序、阶段持续时间均为固定常数。本章提出的抽样算法需假设备部件独立,且寿命和维修时间服从指数分布,如果部件的寿命和维修时间服从一般分布,则可使用较烦琐的半马尔可夫过程[83]、再生过程等随机过程理论[75,82],这对于求解和编程人员的数学背景要求较高,实现难度远高于仿真方法。4.5节算例分析引入一个包含上千阶段的大型系统,将抽样算法与其他非仿真方法进行对比,以验证抽样算法在计算效率上的优越性。

4.5 算例分析

4.5.1 客机飞行任务

客机的飞行控制系统是一个日常生活中常见的多阶段任务系统。考虑一个途径四个城市的客机,总航程需起降三次,系统结构如图4.17所示。本例中客机必

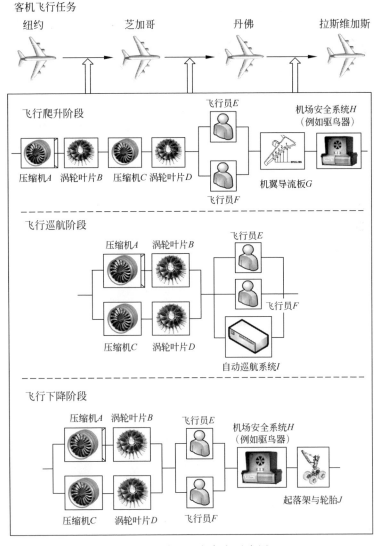

图 4.17 客机飞行任务示意图

须完成三次运客任务才算总任务成功,假设 E、F、H 为可修单元,除此之外的其他部件均不可修。目前有三种非仿真方法可以计算该系统的可靠度。

(1) 状态枚举方法:传统的状态枚举方法即为马尔可夫模型[71],这种方法首先须构建包含 2^{10} 个元素的状态空间,然后在所有状态中找出成功状态,这是一项较为耗时的工作,且需要占用大量内存。除此之外,状态空间方法需要建立一个规模至少为 $256(2^8)$ 的转移速率矩阵(第一阶段包含 8 个部件),并对该矩阵进行矩阵指数运算,运算计算量非常庞大。

(2) Wang-Modular 算法与行为向量方法:虽然这两种方法可以分析本节的 PMS,但它们需要做出"修复的部件无法在本阶段立即投入使用,必须等到下一阶段开始后才可用"的假设,显然这并不符合本节算例。另外,Wang-Modular 算法与行为向量方法的计算耗时随着阶段增多而呈指数增长,这点在表 4.5 的实验数据中得到验证。

(3) 抽样方法:抽样方法首先选定抽样时间间隔 $\Delta t_i = T_i/100$,其中 T_i 是阶段 i 的持续时间,每个阶段被抽样点平均分割为一百等份。然后算法生成各阶段的 BDD,并基于此生成约简成功状态,如表 4.3 所示。

表 4.3　客机飞行系统中九个阶段的约简成功状态

阶段	约简成功状态
1,4,7	$S(\alpha)_1 = (u_A, u_B, u_C, u_D, u_E, e_F, u_G, u_H)$, $S(\alpha)_2 = (u_A, u_B, u_C, u_D, d_E, u_F, u_G, u_H)$
2,5,8	$S(\beta)_1 = (u_A, u_B, e_C, e_D, u_E)$, $S(\beta)_2 = (u_A, d_B, u_C, u_D, u_E)$, $S(\beta)_3 = (d_A, e_B, u_C, u_D, u_E)$, $S(\beta)_4 = (u_A, u_B, e_C, e_D, d_E, u_F)$, $S(\beta)_5 = (u_A, d_B, u_C, u_D, d_E, u_F)$, $S(\beta)_6 = (d_A, e_B, u_C, u_D, d_E, u_F)$, $S(\beta)_7 = (u_A, u_B, e_C, e_D, d_E, d_F, e_G, e_H, u_I)$, $S(\beta)_8 = (u_A, d_B, u_C, u_D, d_E, d_F, e_G, e_H, u_I)$, $S(\beta)_9 = (d_A, e_B, u_C, u_D, d_E, d_F, e_G, e_H, u_I)$
3,6,9	$S(\gamma)_1 = (u_A, u_B, e_C, e_D, u_E, e_F, e_G, u_H, e_I, u_J)$, $S(\gamma)_2 = (u_A, d_B, u_C, u_D, u_E, e_F, e_G, u_H, e_I, u_J)$, $S(\gamma)_3 = (d_A, e_B, u_C, u_D, u_E, e_F, e_G, u_H, e_I, u_J)$, $S(\gamma)_4 = (u_A, u_B, e_C, e_D, d_E, u_F, e_G, u_H, e_I, u_J)$, $S(\gamma)_5 = (u_A, d_B, u_C, u_D, d_E, u_F, e_G, u_H, e_I, u_J)$, $S(\gamma)_6 = (d_A, e_B, u_C, u_D, d_E, u_F, e_G, u_H, e_I, u_J)$

抽样算法需要评估任务结束时刻成功状态的概率,然后 PMS 可靠度可表示为

$$R_{\text{PMS}} \approx \sum_{j=1}^{6} \Pr\{S(t_{\text{Mission End}})_j\} \tag{4.45}$$

为此,算法须依时间顺序依次计算各成功状态的概率,如图 4.18 所示。例如,$\Pr\{S(T_1/100)_1\}$(在时刻 $T_1/100$ 第一个约简成功状态的概率)可以表示为

$$\Pr\{S(T_1/100_1)\} = \Pr\{S(0)\} \cdot \Pr\{S(0) \to S(T_1/100_1)\}$$
$$= \prod_{K=A,B,\cdots,E,G,H} \Pr\{u_K(0) \to u_K(T_1/100)\} \quad (4.46)$$

其中

$$\Pr\{u_K(0) \to u_K(T_1/100)\}$$
$$= \mathrm{UpState}_K \cdot \exp\left[\begin{pmatrix} -\lambda_K & \lambda_K \\ \mu_K & -\mu_K \end{pmatrix} \cdot T_1/100\right] \cdot \begin{pmatrix} 1 & 0 \\ 0 & 0 \end{pmatrix} \cdot \begin{pmatrix} 1 \\ 1 \end{pmatrix} \quad (4.47)$$

同样地,在阶段转移时刻 T_1,巡航阶段成功状态的概率为

$$\Pr\{S(\beta_m)\}$$
$$= \sum_{j=1}^{2} \left[\Pr\{S(T_1)_j\}\Pr\{S(T_1)_j \to S(\beta)_m\}\right], \quad (j=1,2), (m=1,2,\cdots,9)$$

$$(4.48)$$

其中,$\beta = T_1 + T_2/100$ 是阶段 2 的第一个抽样时间点。通过重复上述计算过程,算法可得出任务结束时刻的 $\Pr\{S(t_{\mathrm{Mission\ End}})\}$,最后对它们求和得出 PMS 可靠度。

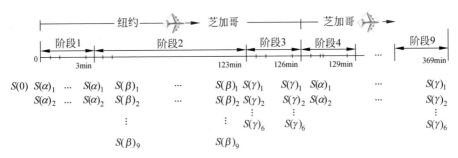

图 4.18 客机飞行算例的抽样算法示意图

为了验证抽样算法的正误性,本节还使用 Wang-Modular 方法、Petri 网仿真方法计算该 PMS 的可靠度。系统参数如表 4.4 所示,系统可靠度计算结果如表 4.5 所示。因为每隔 3 个阶段相同的系统结构就重复出现,所以算法设可修部件 E、F、H 的无记忆参数 $x_E = x_F = x_H = 2$(x 的定义参见式(4.27))。在本节算例中,模型假设设备部件独立,寿命和维修时间服从指数分布,且部件在空间时段内可以损坏。

表 4.4 客机飞行系统的参数 　　　　　　　　　　单位:h

参　　数	数　　值
阶段持续时间 T_i (i 表示阶段序号)	$T_i = \begin{cases} 0.05, & i=1,3,4,6,7,9 \\ 2, & i=2,5,8 \end{cases}$

续表

参　数	数　值
部件失效率 λ_K	$\lambda_A = \lambda_B = \lambda_C = \lambda_D = 8 \cdot 10^{-5}$； $\lambda_E = \lambda_F = \lambda_H = 10^{-4}$； $\lambda_G = \lambda_I = \lambda_J = 5 \cdot 10^{-5}$（整个任务中 λ_K 保持不变）
部件维修率 μ_K	$\mu_A = \mu_B = \mu_C = \mu_D = \mu_G = \mu_I = \mu_J = 0$； $\mu_E = \mu_F = 5$；$\mu_H = 1$（整个任务中 μ_K 保持不变）

表 4.5 中的实验数据显示,三种可靠性评估方法的计算结果几乎相同,验证了抽样算法的逻辑合理性。两种非仿真方法都是通过 MATLAB 语言单线程编写,计算平台为相同的配备 1.8GHz CPU 的计算机。Petri 网仿真方法由 GRIF 软件平台[28]执行,迭代 10^7 次得出仿真结果。Petri 网仿真模型中包含 10 个描述部件 $A \sim J$ 失效与维修行为的 Petri 网,一个监测系统失效的 Petri 网和一个描述阶段转移的 Petri 网(低优先级)。实验数据显示,随着 PMS 阶段增多,抽样算法耗时呈线性增长,而行为向量方法耗时呈指数级增长,验证了抽样算法在计算效率的优势。

表 4.5　客机飞行系统的可靠性结果及算法耗时对比

时间/h	Wang-Modular 算法 （或行为向量方法）		抽样算法 （每阶段 100 个离散点）		Petri 网仿真
	可靠度估值	算法耗时/s	可靠度估值	算法耗时/s	可靠度估值
0.05	0.999977	0.002	0.999977	0.03	0.999977
2.05	0.999976	0.005	0.999976	0.45	0.999976
2.10 （阶段 3 结束）	0.999780	0.013	0.999779	0.68	0.999786
2.15	0.998999	0.03	0.998998	0.73	0.999010
4.15	0.998998	0.16	0.998998	1.19	0.999009
4.20 （阶段 6 结束）	0.998802	0.95	0.998801	1.41	0.998811
4.25	0.998022	2.54	0.998020	1.44	0.998032
6.25	0.998021	17.2	0.998020	1.89	0.998030
6.30 （阶段 9 结束）	0.997825	116	0.997824	2.11	0.997837

为分析抽样算法结果对参数的敏感性,本节改变抽样时间间隔 Δt 并测试算法结果的稳定性。设 N_τ 表示各阶段离散时间点的个数($N_\tau = T_i / \Delta t_i$,设各阶段的 N_τ 均相同),表 4.6 实验数据显示：N_τ 与算法耗时呈(正)线性关系,实验数据验证了 4.4.1 节有关算法复杂度的讨论。

表 4.6　客机飞行系统的参数灵敏度分析结果

各阶段抽样点个数	离散时间可用度	算法耗时/s
10	0.997825	0.28
100	0.997824	2.77
1000	0.997824	23.3

从表 4.6 数据不难发现,当 N_τ 增大到一定程度时(大于 100),算法结果减少得极为缓慢,这种现象验证了式(4.8)中离散时间可用度(算法结果)逐渐趋近于 PMS 可靠度真值的讨论。为了得出本算例的可靠度真值,算法使用函数表达式(4.49)拟合实验结果,如图 4.19 所示。拟合函数表达式为

$$\hat{A}_{sys}(t=6.3\text{h}, N_{TimePts}) = a \cdot \exp(-1 \cdot b \cdot N_{TimePts}) + c \tag{4.49}$$

其中参数 a、b、c 为(括号内数字为 95% 置信区间)

$$a = 9.867 \cdot 10^{-6}(9.041 \cdot 10^{-6}, 1.069 \cdot 10^{-5})$$
$$b = 0.1939(0.1747, 0.2131) \tag{4.50}$$
$$c = 0.9978235(0.9978235, 0.9978235)$$

最后,系统可靠度真值为

$$R_{PMS}(t=6.3\text{h}) = \lim_{N_{TimePts} \to +\infty} \hat{A}_{sys} = c = 0.9978235 \tag{4.51}$$

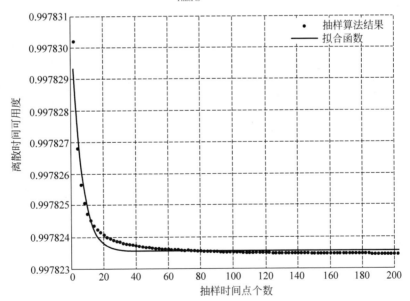

图 4.19　客机飞行系统的可靠性真值拟合曲线

假设对抽样算法的最大容许误差为 $\varepsilon = 10^{-7}$,为保证 $e_{TimePts} < \varepsilon$ 可取最佳抽样点个数 $N_\tau = 70$(即认为 $N_\tau = 70$ 已经足够大)。4.5.2 节的例子提出一个更大规模的多阶段任务系统,它包含 22 个部件和 1200 个阶段,其他非仿真方法很难分析该算例的可靠度。

4.5.2 卫星跟踪管理任务

本节分析一个在轨卫星 Sat_1 的跟踪管理任务，如图 4.20 所示。当卫星 Sat_1 飞临不同地面站时，指挥控制中心需利用不同的地面站资源对 Sat_1 跟踪测控。总体来说，现存在两种渠道确保 Sat_1 与地面站的有效通信——第一种渠道需利用地球同步轨道卫星（Sat_{Relay1} 和 Sat_{Relay2}）作为指令传输中继星，由地面站将指令发往中继星，再由中继星将指令发送给 Sat_1；第二种通信渠道是当 Sat_1 与某地面设备 F_j 直接可视时，安排 F_j 直接向 Sat_1 发送指令。为评估整个跟踪管理系统的可靠度，本节算例采用设备级建模方案，也就是说，两个通信渠道均为包含天线、电池、数据发动器、数据接收器的子系统。模型的任务是评估 Sat_1 长时间在轨运行后（例如，绕地球 300 圈）通信系统的寿命。整个 PMS 模型包含 22 个独立的部件和 1200 个阶段，设部件在空闲状态下有可能损坏，模型参数如表 4.7 所示。

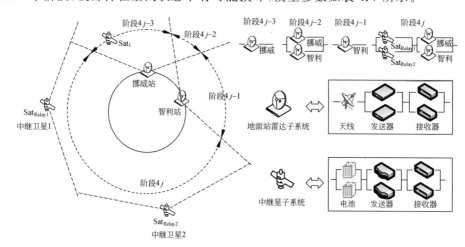

图 4.20 卫星跟踪管理任务的 PMS 模型示意图

表 4.7 卫星跟踪管理系统的模型参数　　　　　　　　　　　　单位：h

参　　数	数　　值
阶段持续时间 T_i （i 表示阶段序号）	$T_i = \begin{cases} 2, & \text{阶段 } 4j-3 \text{ 和 } 4j-1 \\ 1, & \text{阶段 } 4j-2 \\ 7, & \text{阶段 } 4j \end{cases} \quad (j \geqslant 1)$
部件失效率 λ_K	$\lambda_K = 10^{-5}$（对于所有部件） （整个任务中 λ_K 保持不变）
部件维修率 μ_K	$\mu_K = \begin{cases} 0.025, & \text{如果 } K \text{ 是雷达部件} \\ 0, & \text{如果 } K \text{ 是中继星部件} \end{cases}$ （整个任务中 μ_K 保持不变）

在图 4.20 的 PMS 模型中,系统的 4 个阶段表示卫星绕地球一圈所用到的通信设备及其工作关系。每当卫星绕地球一圈,阶段 1~阶段 4 就会重复出现。其中,阶段 $4j$(通信信号被中继星转发阶段)包含了 22 个独立部件,其中某些部件可修。显然,对于阶段 $4j$,传统的马尔可夫模型很难枚举 4194304(2^{22})个状态,更难以将其放入矩阵指数运算中。另外,对于 Wang-Modular 算法,跨阶段 BDD 的规模会随着阶段数 j 剧烈增长,该方法完全无法得出 PMS 可靠性结果。对于行为向量方法,即使加入截断策略,行为向量方法也会因微机内存不足而无法算出 100 阶段后的 PMS 可靠度。

本章提出的抽样算法是分析该 PMS 可靠性的重要非仿真方法。抽样算法首先为阶段 $4j-3,4j-2,4j-1$ 和阶段 $4j$ 各生成 4、20、4、1280 个约简成功状态。为了进一步减少成功状态的个数,本节使用 4.2.3 节提出的策略 3 处理不可修单元。由于结构“$Sat_{Relay1}+Sat_{Relay2}$”是不可修且串联在系统中的,通过策略 3,PMS 模型会被强制拆分为两个子系统: 第一个子系统只包含中继星部件(不可修部件),第二个子系统只包含雷达部件(可修部件),系统在阶段 $4j$ 的可靠度可表示为

$$R_{PMS}(t) = R_{relaySat}(t) \cdot R_{radar}(t), \quad t \in 阶段 4j \qquad (4.52)$$

式中,$R_{relaySat}(t)$ 表示中继星子系统的可靠度,$R_{relaySat}(t)$ 可以通过 BDD 方法[48] 单独计算,$R_{radar}(t)$ 可通过抽样算法单独计算。当只考虑雷达部件时,阶段 $4j$ 的约简成功状态只有 20 个。策略 3 将阶段 $4j$ 成功状态的个数从 1280 个减少到 20 个,大幅度降低了抽样算法的计算量;如果不使用策略 3,将所有部件混合在抽样算法中将造成很大的计算负担。

为了分析算法效率,本节也用行为向量方法和 Petri 网计算系统可靠度,只不过行为向量方法只能得出部分结果。表 4.8 的实验结果显示,行为向量方法所需内存量随着阶段增长而快速爆炸,它的计算潜力最多到 228 个阶段。相对比下,抽样算法和 Petri 网仿真方法能得出 PMS 在 1200 阶段结束时的可靠度。系统中所有的可修部件都在雷达子系统中(卫星部件不可修),且系统的结构每 4 个阶段重复一次,参照式(4.27)可修部件的无记忆性参数 x 可设为 $x=3$。表 4.8 中 Petri 网仿真使用 GRIF 软件作为平台,迭代次数为 10^7。

表 4.8　卫星跟踪管理系统的可靠性结果及算法耗时对比

时间/h	行为向量方法		抽样方法 (每个阶段 1000 个抽样点)		Petri 网仿真
	可靠度估值	算法耗时/s	可靠度估值	算法耗时/s	可靠度估值
12 (第 1 圈结束)	0.999931	0.03	0.999931	0.8	0.999933
120 (第 10 圈结束)	0.997977	69	0.997980	10	0.997981

续表

时间/h	行为向量方法		抽样方法 （每个阶段 1000 个抽样点）		Petri 网仿真
	可靠度估值	算法耗时/s	可靠度估值	算法耗时/s	可靠度估值
142 （第 11 圈结束）	0.997542	142	0.997764	11	0.997763
228 （第 19 圈结束）	0.996019	702	0.996033	19	0.996060
240 （第 20 圈结束）			0.995817	20	0.995842
1200 （第 100 圈结束）	未知	内存不足法 无得出结果	0.978679	108	0.978618
3600 （第 300 圈结束）			0.937101	237	0.937106

表 4.8 的实验数据显示，当阶段增多时，抽样算法耗时只会线性增长；由于算法耗时正比于内存占用量，因此抽样算法的内存消耗也只线性增长。另外，本章改变抽样点的个数并计算相应结果，以测试抽样算法的参数敏感性，结果如表 4.9 和图 4.21 所示。当抽样点大于 300 个时，抽样算法的结果变化很小。为得到 PMS 可靠度真值和最优参数 N_τ，设拟合方程为

$$\hat{A}_{sys}(t=3600\text{h}, N_\tau) = a \cdot \exp(-1 \cdot b \cdot N_\tau) + c \tag{4.53}$$

其中拟合方程参数为（括号中数字为 95% 的置信区间）

$$a = 0.0004145(0.0002576, 0.0005713)$$
$$b = 0.04418(0.01922, 0.06914) \tag{4.54}$$
$$c = 0.93710(0.93710, 0.93710)$$

该卫星跟踪管理系统在 3600h 的可靠度真值应为

$$R_{PMS}(3600\text{h}) = 0.93710 \tag{4.55}$$

如果设定抽样算法的容许误差为 $\varepsilon = 10^{-5}$，图 4.21 显示抽样点 $N_\tau = 300$ 足以保证算法误差 $e_\tau < \varepsilon$。许多真实的工程应用都包含大量重复的阶段和低失效率的部件，本章提出的抽样算法能有效地评估该型系统的可靠度。

表 4.9　卫星跟踪管理系统的参数灵敏度分析结果

各阶段抽样点个数	离散时间可用度	抽样算法耗时/s
100	0.937125	31
500	0.937103	121
1000	0.937101	237

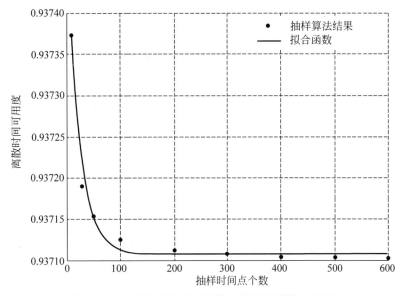

图 4.21　卫星跟踪管理系统的可靠性真值拟合曲线

4.6　本章小结

本章针对大型系统部件多、阶段多的特点,提出了分析大规模可修 PMS 可靠性的抽样方法。抽样算法结合了决策图理论和状态映射理论,属于模块化方法。抽样方法的最主要优势在于算法的时间和空间消耗较低,当 PMS 规模增大时,算法运算量只呈类线性增长。抽样方法的效率优势主要来源于约简的成功状态,它将 BDD 的优点和状态映射的优点结合起来。另外,本章内容另一个主要创新点在于提出了用离散时间可用度逼近系统可靠度的思路,这种新的系统可靠性分析方法使抽样方法避免了传统模块化方法中不切实际的模型假设。

在对真实工程应用进行建模时,虽然工程师可采用不同精度的建模级别来控制 PMS 模型中部件的数量,但却难以控制模型中阶段的数量;另外,许多真实 PMS 模型还包含有大量重复的阶段。现有文献中的大部分解析分析方法都无法应用于该型系统,而本章提出的抽样方法专为该型 PMS 设计构建。本章还将抽样方法扩展到了多状态部件和多阶段网络,进一步拓展了抽样方法的适用范围。今后,利用抽样方法分析诸如不完全覆盖、共模失效等问题,是抽样方法的后续改进的主要方向。

第5章

卫星在轨管理任务可靠性案例分析

第1~4章讨论了小、中、大型PMS可靠性分析的三种解析方法,本章以卫星的长期在轨管理任务为背景,分析测控通信系统的可靠性,以验证并分析三种方法的正误性和计算效率。卫星在轨管理任务的特点是任务持续时间长,PMS模型往往包含了大量阶段,这种模型对系统可靠性分析方法提出了相当大的挑战。本节以单圈次小型系统和多圈次大型系统为例,讨论了几种算法的优缺点。

本章内容结构安排如下:首先简要介绍了航天测控通信系统的有关概念,为长管任务建模打下基础;其次绍了国内外航天测控系统可靠性的研究进展;最后分别对测控通信系统的单圈次和多圈次任务建立了PMS模型,并利用Petri网仿真和三种解析方法计算了通信系统的可靠度。

5.1 航天测控系统的相关概念

5.1.1 航天测控系统

航天测控系统(tracking, telemetry and command system, TT&C system)是对航天器飞行轨道、姿态及其工作状态进行跟踪、测量、监视与控制的技术系统;当系统中加入天地通话、数据传输等功能时,该系统又可称为航天测控通信系统[127-132]。航天测控通信系统是由分布在不同地域的测控站、测量船、中继卫星联结成的复杂通信网络。地面人员通过该通信网络随时掌握航天器状态及任务执行情况,并作出相关判断和决策。

航天测控通信系统的服务对象包括各在轨卫星、载人航天器和深空探测器。航天测控通信系统由分布在地面、海洋和太空的测控资源组成,这些测控资源按照串联、并联、备份、表决等逻辑关系,执行指定的测控通信任务。针对不同的航天测控任务,测控系统的结构、部件间的逻辑关系也不尽相同。在过去50多年的时间内,我国航天测控通信系统经历了从无到有、由弱到强的发展历程,逐步形成了符合我国国情的测控通信网络,具备了对载人飞船和各类卫星的提供测控支持的能力,研究航天测控通信系统的可靠性,对于我国航天事业发展有重要意义[133-136]。

　　本章讨论的航天测控任务为在轨卫星的长期跟踪管理任务,测控系统服务对象为单独某颗在轨卫星。卫星的长期跟踪管理任务持续时间较长,测控系统包含多个重复的任务阶段和空闲阶段。在跟踪管理阶段,测控系统的主要工作是定期接收卫星遥测数据、定期发送遥控指令,以检测和校正卫星飞行姿态及轨道参数。由于卫星在不同时间飞临不同的地面站,测控系统需要在不断地调整测控资源,以完成对卫星持续的跟踪监测,因此,整个航天测控通信系统可以被认为成包含许多任务阶段和空闲阶段的多阶段任务系统。图 5.1 给出了一个典型的航天测控通信系统及其 PMS 模型。

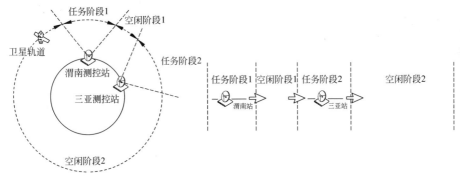

图 5.1　航天测控通信系统示例及其 PMS 模型

5.1.2　测控通信资源

　　测控通信资源是航天测控通信系统的基本构成要素,是测控系统可靠性分析的基本单元。各种具备测控能力的设备,均可作为航天测控系统的测控资源。测控通信设备具体可以分为三个层次:站点级、站内设备级和设备内分系统级[81],如图 5.2 所示。航天测控系统中,测控中心、地面测控站、测量船、测控直升机、地

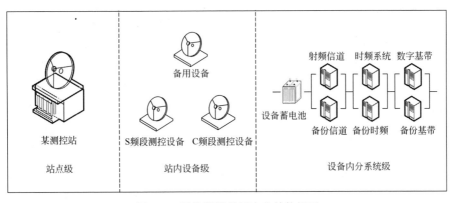

图 5.2　测控资源的层次化结构视图

球同步轨道卫星均可描述为测控站点。每一个测控站都由若干不同功能的测控设备组成。比如,测控站中通常包含 USB 设备和 VHF 设备。同时每一种设备又由不同的设备分系统组成。比如,USB 设备包括伺馈系统、射频信道、多功能数字基带系统、时频系统等分系统。三种描述层次逐级递进,在增强描述精细度的同时增加了 PMS 模型的规模。分系统级模型精度高、但模型规模庞大;站点级模型刻画精度低,但模型简洁直观。在对航天测控系统进行可靠性建模时,根据不同的精度需求,可使用不同层次的资源描述方式。

值得注意的是,在航天测控系统的可靠性模型中,不同层次的测控资源可能会在同一个模型里同时出现。这使建模工程师可以针对不同阶段,选择最便捷的可靠性模型,取得计算精度和模型规模之间的平衡。另外,即使同种类型的测控通信资源,在不同阶段处于不同的环境压力下,失效、维修参数取值也不相同。测控通信资源的多层次、变参数特性给 PMS 建模和求解带来了一定的复杂性。

近年来,我国航天事业发展突飞猛进,测控设备的模块化、可维修化成为测控系统发展的重要趋势。模块化具体表现为"抽屉式"的发展趋势,所谓抽屉式是指测控设备机柜由若干抽屉构成,每个抽屉是独立的功能子模块,这些抽屉具有功能明确、易于故障检测和更换速度快的特点[137-138]。在任务执行过程中,若出现设备故障,可迅速更换抽屉模块,这大大减少了设备维修时间,使测控设备应急维修成为可能。在卫星长期管理任务中,工作阶段时间较长,设备的快速维修能力对测控系统可靠性的提升作用明显。本章实例中,一部分测控设备被认为是可修的,这符合于新设备抽屉式组装的工程背景。

5.1.3　可视时间窗口

在定义航天测控系统的可视时间窗口之前,首先介绍测控设备与航天器间"可视"(visible)的概念。以地面测控设备为例,测控设备与航天器之间可视是指地面设备天线与航天器天线可以无障碍直接通信。"可视"又可称为"可见或可达"(accessible)。由于卫星特殊的运行方式,除了高轨卫星可以与目标卫星随时可视外,绝大多数地面测控设备与目标卫星只在特定时间段内才保持可视。测控设备与卫星之间的可视由地面测控设备的地理位置,卫星天线角度和设备天线仰角共同决定。

测控设备与航天器之间的可视时间窗口(access time window 或 visible time window)是指测控设备与卫星天线之间能够保持可视的时间区间[139]。测控设备只有在可视时间窗口才能对卫星直接进行测控服务。测控设备能够指向卫星的仰角存在一定限制,概括起来包括最小捕获仰角、最小跟踪仰角和最小释放仰角,如图 5.3 所示。

在图 5.3 中,最小捕获仰角是指测控设备开始发现卫星的最小角度,卫星进入测控设备最小捕获角时,可视时间窗口开始。最小跟踪仰角是指测控设备能够对

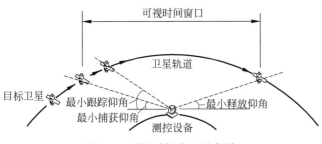

图 5.3 可视时间窗口示意图

卫星进行跟踪控制的最小仰角,由于测控设备从发现卫星到跟踪卫星需要一定的准备时间,因此星地实际可通信时间比可视时间窗口要短。最小释放仰角是指测控设备无法对卫星继续稳定跟踪的最小角度[140-141]。当卫星经过捕获、跟踪阶段,运行出测控设备最小释放仰角时,卫星与测控设备的通信被迫结束,可视时间窗口终止。

在实际的测控工作中,可视时间窗口由捕获时间、跟踪时间和释放时间组成,测控设备工作时间通常短于可视时间窗口。为了简化可靠性模型,本章笼统地假设可视时间窗口等于设备工作时间。比如,工程中确有区分工作时间和可视时间的必要,工作时间可以看作可视时间按一定比例的缩减。1.1 节指出,航天测控系统是一个典型的多阶段任务系统,各阶段划分的主要依据是可视时间窗口的起止时刻,5.3 节通过具体示例阐述可视时间窗口在测控系统 PMS 建模中的作用。

5.1.4 测控资源调度方案

测控调度方案是指为保证测控任务顺利完成,对测控资源分配后形成的可实施方案[142-143]。图 5.4 是一个测控资源调度方案示意图,其中横轴为时间轴,代表卫星在轨运行时间,纵轴为任务轴,代表该调度方案所包含的所有任务。通常,针对一个给定的测控任务,需要制定相应的资源调度方案;为简洁起见,本章只讨论卫星长期管理任务(单一任务)所对应的资源调度方案。

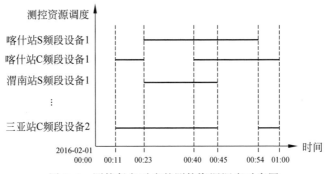

图 5.4 测控任务对应的测控资源调度时序图

图 5.4 中包含了所有可用测控资源在时段 00:00～01:00 的调度方案。例如针对喀什站 S 频段设备 1,调度方案安排该设备在时段 00:11～00:54 工作;而对于喀什站 C 频段设备 1,调度方案安排这个设备在时段 00:11～00:23 和时段 00:40～01:00 工作。一个完整的调度方案,除了图 5.4 给出的工作时序表,还应包括各资源间的逻辑结构描述。事实上,测控资源的调度方案并不是随意生成的,需根据指定的测控任务和调度规则运算或仿真得出,图 5.5 给出了一个各设备间工作逻辑的示例。本章内容中,调度算法是已知给定的;公开文献[133-135,139-147]中有大量关于卫星调度方案的研究成果。

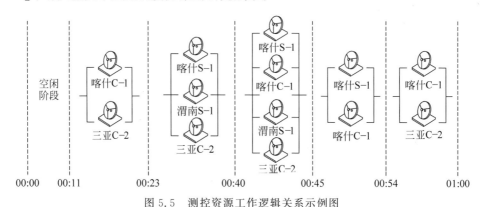

图 5.5　测控资源工作逻辑关系示例图

5.2　航天测控系统可靠性研究现状

根据任务可靠性定义,航天测控系统的任务可靠性定义为:航天测控系统在规定时间内完成规定测控功能的能力[148-149]。目前全球有能力开拓航天事业的国家屈指可数,从国内外公开的文献资料来看,多阶段任务系统可靠性的研究成果较多,而航天测控任务可靠性的研究成果较少。公开文献中,国外对航天工程的可靠性研究始于 20 世纪 60 年代。1963 年,Wolman[150]基于集合论构建了航天系统的任务可靠性模型,提出了任务可靠性分析方法,并对水星探测任务进行可靠性分析。Nathan[151]于 1965 年提出了任务效能(mission effectiveness)来评价系统成功完成某项任务的概率,并用马尔可夫链方法分析了载人航天任务的可靠性。到 20 世纪 80—90 年代,Pedar 等[152-153]针对空天计算机系统(aerospace computing system)提出了 PMS 可靠性分析的故障树模型。Bondavalli 等[154]以 Rosetta 航天探测任务为背景,基于齐次马尔可夫链方法提出了层次化模型,该模型不仅能分析 Rosetta 探测任务可靠性,还能根据当前阶段系统的可靠性动态选择航天器在下一阶段任务。

进入 21 世纪以来,Berner 等[155-157]以美国国家航空航天局(National Aeronautics

and Space Administration,NASA)深空测控网为研究背景,探讨了系统可靠性研究的重要性。Aaron 等[158-159]利用仿真方法构建 NASA 空间干涉测量任务(space interferometry mission,SIM)的可靠性框图模型,分析了任务可靠性的近似解。2008 年,Demircioglu 等[160]以优化系统结构为目标,对航天测控系统进行了可靠性设计。该方法首先构建测控设备的多路损耗、噪声温度和传输噪声比等评价指标,然后通过仿真方法分析了各评价指标与任务可靠性之间的关系,在满足系统可靠性和各指标要求的基础上,探讨了如何减少系统冗余、提高系统性价比等问题。

国内关于航天测控系统可靠性设计与评价的公开文献集中在 2000 年以后,相关研究主要基于经典的可靠性分析理论展开。中华人民共和国国家军用标准GJB/Z66—1994《航天测控系统总体设计指南》[161]以经典可靠性理论为依据,提出了测控系统可靠性涉及、试验与评价要求,是航天测控系统可靠性设计的基本原则。于志坚在专著《航天测控系统工程》[132]中介绍了测控设备的串并联、表决、备份等设计方式,指出测控系统在以测控站为基本单元时属于串联系统,而站内设备存在串并联和冷热备份等逻辑关系。夏南银在专著《航天测控系统》[128]中比较全面地介绍了航天测控系统的可靠性分析目的和可靠性设计要求;该专著还对测控系统的分析对象、运载火箭发射段、卫星入轨段、卫星在轨管理段的工程背景进行了较为详尽的描述。

国内关于航天测控的期刊和会议论文侧重于研究具体的工程实例。于志坚[162-163]分析了我国航天测控系统现在和未来发展趋势和工程需求,提出了基于陆海测控站向空天测控站发展,再向深空探测发展的建设思路。陈相周等[164]和张庆君等[165]讨论了载人飞船船载测控通信分系统的性能特点、可靠性设计要求和提高系统可靠性的手段。王少云[166]将测控系统分为主测控站、机动测控站和机载设备三个部分,利用元件计数法分析了测控系统的可靠性。刘洋等[167]运用非其次泊松过程理论和实测软件故障数据,评估了测控通信软件的可靠性。高薇等[168]基于故障树理论构建了航天测控系统应急通信网络的可靠性模型,并指出交换机和通信处理机是影响整个通信网可靠性的关键节点;同样的方法还被应用于测控通信软件的可靠性分析,得出了集中监控等模块对通信软件可靠性影响较大。周若[169]从测控系统的设计、制造和维护环节出发,论述了航天测控系统可靠性设计方案,提出了采用容错机制、提高系统抗干扰能力的方法来提高测控系统可靠性。程志君等[170]针对发射场测控设备在不同阶段的可靠性分析问题,建立了变化环境条件下的测控设备可靠性阶段评估模型。师振荣等[171]结合太原卫星发射中心的老旧测控设备数据,分析了设备的故障规律并提出了提高设备可靠性指标的具体措施。凌国平等[172]分析了航天测控系统中 RS485 通信设备的故障机制,给出了提高 RS485 设备可靠性的详细措施。

历史文献的研究对象主要是具体的航天器、通信分系统、某个关键的测控设备或测控软件,均未将航天测控系统这一整体作为研究对象。专著中对整个航天测控系统的讨论偏向于背景介绍和定性分析,缺乏定量的计算分析。1996 年,国防科技大学成立了载人航天测控通信系统任务可靠性分析专项课题组,武小悦[126]带领团队对载人航天测控系统的任务可靠性进行了定量化研究,开发了航天测控通信系统可靠性分析软件,取得了若干研究成果。

王刚等[173]和孟礼等[179]通过故障树模型和 BDD 模型定量地分析了航天测控系统的可靠性。针对大规模决策图的存储困难问题,文章提出了利用互补边的BDD 结构来存储大规模 BDD 数据。杨晓松等[15,178]利用 Petri 网仿真方法对航天测控系统的任务可靠性进行分析。真实的航天测控通信系统中,设备单元自身的可靠性很高,且测控任务持续时间较短,这使得测控任务的可靠性极高,采用直接仿真法需要大量的仿真次数才能得到满意解。为解决该问题,许双伟等[180-181]提出了基于限制抽样的仿真方法。限制抽样方法针对高可靠性的不可修系统,利用部分先验信息减少仿真样本方差,从而使得仿真次数大大缩短,提高仿真运行效率。闫华等[102,176]和黎丽荣[101]针对 Markov 方法存在的状态爆炸问题,提出了稀疏的矩阵压缩存储方法以降低 Markov 方法的空间占用。另外,闫华利用求解大规模线性方程组的 Krylov 子空间投影法,提出分析大型航天测控系统可靠性的近似算法。

综合上述研究成果,针对航天测控系统任务可靠性建模与分析问题,可以采用包括故障树、BDD、连续时间马尔可夫链、限制抽样仿真及 Petri 仿真等多种方法分析了航天测控系统的任务可靠性。然而,上述成果在为航天事业提供技术支撑的同时,并未考虑到航天测控系统阶段增多的情形。特别是对卫星的长期在轨管理任务,PMS 模型可能包含上千个阶段。如何分析包含大量阶段的航天测控系统可靠性,是上述方法遭遇的共同难题,也是测控系统可靠性研究的空白。5.3 节部分针对卫星长期管理任务的特点,构建包含大量阶段的 PMS 模型并分析其可靠性。

5.3 单圈次卫星在轨管理任务可靠性分析

5.3.1 算例设计

本节讨论一个中高轨道卫星(MEO 卫星)Sat_1 在一个运行圈次内的日常管理任务。真实的航天测控系统中,中高轨卫星的运行周期通常为 12h,即 Sat_1 每 12h 绕地球一圈。任务场景还包括地球同步轨道卫星(GEO 卫星),GEO 卫星所起作用与地面测控站相同,可视作空天测控站。当 Sat_1 卫星长期在轨飞行时,需要保证任意时刻地面与 Sat_1 的通信连续可用,这是卫星长期在轨管理任务的主要目的。事实上,分析 Sat_1 在轨管理系统的可靠性,等同于计算事件"Sat_1 与测控资源可随时通信"的概率,即

$$R_{sys} = \text{Pr}\{\text{卫星 Sat}_1 \text{ 与测控资源可随时通信}\} \qquad (5.1)$$

本节分析一个如图 5.6 所示的测控资源调度方案,并计算相应的任务可靠性。

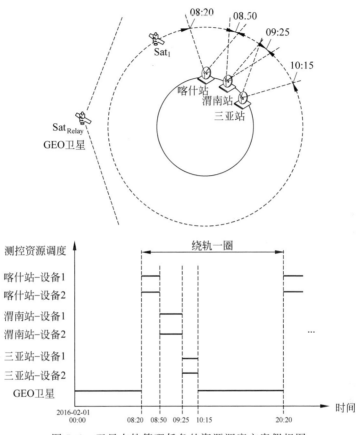

图 5.6　卫星在轨管理任务的资源调度方案假想图

近年来大量新的测控设备具备模块化特点,越来越多的测控设备具备了快速更换和应急维修能力;本章假设所有的地面测控设备均可修。测控设备的失效时间(寿命)与修复时间具有随机性,它们都可以通过一定的分布函数描述,如指数分布、威布尔分布、正态分布、二项式分布等。设备的失效时间与修复时间可以根据长期使用数据来统计,也可以根据厂商信息来估算。对于不同类型的设备,厂商提供的设备信息是不同的。例如,对于网络交换机,行业内部通常提供"使用可用度"来度量设备可靠性,而雷达设备通常使用平均故障间隔时间(mean time between failures,MTBF)、平均修复时间(mean time to repair,MTTR)来反映产品可靠性。

根据图 5.6 的调度方案假想图可推导其对应的 PMS 模型,如图 5.7 所示。一般来说,各地面站在服务卫星时,通常使用两套设备同时工作以确保任务准确完成。大量有关测控系统可靠性的文献[176,182]均假设雷达设备具有指数分布的失效时间和修复时间,测控设备的 MTBF 通常在 $10^3 \sim 10^5$ min 数量级,MTTR 通常保

持在 $1\sim 10(10^0\sim 10^1)\min$ 数量级。表 5.1 给出了假想的各测控资源的可靠性和维修性参数。

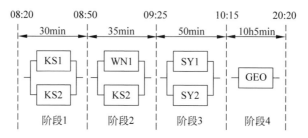

图 5.7　单圈次卫星在轨管理任务 PMS 可靠性框图

表 5.1　各测控资源的可靠性和维修性参数

测 控 资 源	记号	平均故障间隔时间/min	平均修复时间/min
喀什站-设备 1	KS1	4.38×10^4	60
喀什站-设备 2	KS2	4.38×10^4	60
渭南站-设备 1	WN1	5.4×10^4	60
渭南站-设备 2	WN2	5.4×10^4	60
三亚站-设备 1	SY1	3.6×10^4	60
三亚站-设备 2	SY2	3.6×10^4	60
GEO 卫星	Geo1	3.28×10^5	不可修

本节提出的算例模型须遵循典型 PMS 的假设，总结起来包括以下几点。

（1）各测控设备的失效行为和维修行为相互独立。

（2）各测控设备的寿命和维修时间服从指数分布。

（3）各测控设备只包含良好，损坏两个状态。

（4）测控设备失效后，维修立刻展开，修复后的设备与新设备相同（完全维修）。

（5）在设备空闲时，测控设备的失效率接近 0，也就是说，本章假设测控设备在空闲阶段不会失效。另外，修复工作可以在空闲阶段展开。

（6）在较短的时间内，测控设备的可靠性和维修性参数保持不变，也就是说，测控设备的 MTBF、MTTR 参数在各阶段保持不变。

（7）测控方案是确定不变的，也就是说，各测控阶段的持续时间固定，且不改变顺序。

（8）只要某阶段测控任务失败，则总任务失败，也就是说，系统属于传统 PMS。

5.3.2 节将针对本节提出的算例用行为向量方法、抽样算法、Petri 仿真方法分析 PMS 的可靠性。

5.3.2　算例分析

针对 5.3.1 节的航天任务算例，本节使用行为向量方法、抽样算法、Petri 仿真方法计算系统的可靠性。单圈次任务的模型规模较小,因此不必使用第 3 章的截断算法。

1. 行为向量方法

首先构造各阶段的部件行为向量。

阶段 1 的部件行为向量为

$$\text{CBV}_1^{(1)} = (\boldsymbol{U}_1^{(\text{KS1})}, \boldsymbol{E}_1^{(\text{KS2})}, \boldsymbol{I}_1^{(\text{WN1})}, \boldsymbol{I}_1^{(\text{WN2})}, \boldsymbol{I}_1^{(\text{SY1})}, \boldsymbol{I}_1^{(\text{SY2})}, \boldsymbol{I}_1^{(\text{Geo})})$$

$$\text{CBV}_1^{(2)} = (\boldsymbol{D}_1^{(\text{KS1})}, \boldsymbol{U}_1^{(\text{KS2})}, \boldsymbol{I}_1^{(\text{WN1})}, \boldsymbol{I}_1^{(\text{WN2})}, \boldsymbol{I}_1^{(\text{SY1})}, \boldsymbol{I}_1^{(\text{SY2})}, \boldsymbol{I}_1^{(\text{Geo})})$$

阶段 2 的部件行为向量为

$$\text{CBV}_2^{(1)} = (\boldsymbol{R}_2^{(\text{KS1})}, \boldsymbol{R}_2^{(\text{KS2})}, \boldsymbol{U}_2^{(\text{WN1})}, \boldsymbol{E}_2^{(\text{WN2})}, \boldsymbol{I}_2^{(\text{SY1})}, \boldsymbol{I}_2^{(\text{SY2})}, \boldsymbol{I}_2^{(\text{Geo})})$$

$$\text{CBV}_2^{(2)} = (\boldsymbol{R}_2^{(\text{KS1})}, \boldsymbol{R}_2^{(\text{KS2})}, \boldsymbol{D}_2^{(\text{WN1})}, \boldsymbol{U}_2^{(\text{WN2})}, \boldsymbol{I}_2^{(\text{SY1})}, \boldsymbol{I}_2^{(\text{SY2})}, \boldsymbol{I}_2^{(\text{Geo})})$$

阶段 3 的部件行为向量为

$$\text{CBV}_3^{(1)} = (\boldsymbol{R}_3^{(\text{KS1})}, \boldsymbol{R}_3^{(\text{KS2})}, \boldsymbol{R}_3^{(\text{WN1})}, \boldsymbol{R}_3^{(\text{WN2})}, \boldsymbol{U}_3^{(\text{SY1})}, \boldsymbol{E}_3^{(\text{SY2})}, \boldsymbol{I}_3^{(\text{Geo})})$$

$$\text{CBV}_3^{(2)} = (\boldsymbol{R}_3^{(\text{KS1})}, \boldsymbol{R}_3^{(\text{KS2})}, \boldsymbol{R}_3^{(\text{WN1})}, \boldsymbol{R}_3^{(\text{WN2})}, \boldsymbol{D}_3^{(\text{SY1})}, \boldsymbol{U}_3^{(\text{SY2})}, \boldsymbol{I}_3^{(\text{Geo})})$$

阶段 4 的部件行为向量为

$$\text{CBV}_4^{(1)} = (\boldsymbol{R}_4^{(\text{KS1})}, \boldsymbol{R}_4^{(\text{KS2})}, \boldsymbol{R}_4^{(\text{WN1})}, \boldsymbol{R}_4^{(\text{WN2})}, \boldsymbol{R}_4^{(\text{SY1})}, \boldsymbol{R}_4^{(\text{SY2})}, \boldsymbol{U}_4^{(\text{Geo})})$$

然后,枚举连通各阶段 CBV 的 8 条通道。PMS 的可靠性可表示为式(5.2)。针对本节算例,行为向量方法的计算结果见表 5.2 的第一列数据。

$$\begin{cases} R_{\text{PMS}} = \sum_{q=1}^{8} \Pr\{A^{(q)}\} \\ A^{(q)} = \text{CBV}_1^{(s_1)} \cdot \text{CBV}_2^{(s_2)} \cdot \text{CBV}_3^{(s_3)} \cdot \text{CBV}_4^{(1)} \quad (s_1, s_2, s_3 = 1, 2) \end{cases} \tag{5.2}$$

表 5.2　单圈次算例的行为向量方法

项目	阶段 1	阶段 2	阶段 3	阶段 4
系统行为	1	1	1	1
连通 CBV 的通道				

2. 抽样方法

首先选定抽样点的时间间隔 $\Delta t = 1\text{min}$。整个任务持续时长 12h,模型包括 720 个抽样点。然后,需要找出各阶段抽样点对应的约简成功状态。初始状态的成功状态为

$$S(8{:}20) = (u_{\text{KS1}}, u_{\text{KS2}}, u_{\text{WN1}}, u_{\text{WN2}}, u_{\text{SY2}}, u_{\text{SY2}}, u_{\text{Geo}}) \tag{5.3}$$

阶段 1 抽样点对应的约简成功状态为

$$\begin{cases} S(t)_1^{(1)} = (u_{KS1}, e_{KS2}, e_{WN1}, e_{WN2}, e_{SY2}, e_{SY2}, e_{Geo}) \\ S(t)_1^{(2)} = (d_{KS1}, u_{KS2}, e_{WN1}, e_{WN2}, e_{SY2}, e_{SY2}, e_{Geo}) \end{cases} \quad (8:20 < t < 8:50)$$

$$(5.4)$$

阶段 2 抽样点对应的约简成功状态为

$$\begin{cases} S(t)_2^{(1)} = (e_{KS1}, e_{KS2}, u_{WN1}, e_{WN2}, e_{SY2}, e_{SY2}, e_{Geo}) \\ S(t)_2^{(2)} = (e_{KS1}, e_{KS2}, d_{WN1}, u_{WN2}, e_{SY2}, e_{SY2}, e_{Geo}) \end{cases} \quad (8:50 \leqslant t < 9:25)$$

$$(5.5)$$

阶段 3 抽样点对应的约简成功状态为

$$\begin{cases} S(t)_3^{(1)} = (e_{KS1}, e_{KS2}, e_{WN1}, e_{WN2}, u_{SY2}, e_{SY2}, e_{Geo}) \\ S(t)_3^{(2)} = (e_{KS1}, e_{KS2}, e_{WN1}, e_{WN2}, d_{SY2}, u_{SY2}, e_{Geo}) \end{cases} \quad (9:25 \leqslant t < 10:15)$$

$$(5.6)$$

阶段 4 抽样点对应的约简成功状态为

$$S(t)_4^{(1)} = (e_{KS1}, e_{KS2}, e_{WN1}, e_{WN2}, e_{SY2}, e_{SY2}, u_{Geo}) \quad (10:15 \leqslant t \leqslant 20:20)$$

$$(5.7)$$

接下来,依时间先后顺序,依次计算各成功状态的概率,如图 5.8 所示。例如,时刻 08:50(阶段 2 开始时)第一个约简成功状态的概率为

$$\Pr\{S(8:50)_1\} = \Pr\{S(8:49)_1\} \cdot \Pr\{S(8:49)_1 \rightarrow S(8:50)_1\} +$$

$$\Pr\{S(8:49)_2\} \cdot \Pr\{S(8:49)_2 \rightarrow S(8:50)_1\} \quad (5.8)$$

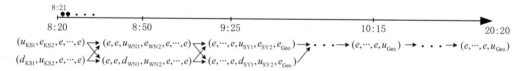

图 5.8 单圈次算例的抽样算法示意图

状态映射 $\Pr\{S(8:49)_1 \rightarrow S(8:50)\}$ 的计算方式为

$$\Pr\{S(8:49)_1 \rightarrow S(8:50)_1\}$$

$$= \Pr\{e_{WN1} \rightarrow u_{WN1}\}$$

$$= \text{UpState}_K \cdot \exp\left[\begin{pmatrix} -\lambda_{WN1} & \lambda_{WN1} \\ \mu_{WN1} & -\mu_{WN1} \end{pmatrix} \cdot 1\min\right] \cdot \begin{pmatrix} 1 & 0 \\ 0 & 0 \end{pmatrix} \cdot \begin{pmatrix} 1 \\ 1 \end{pmatrix}$$

$$(5.9)$$

系统在晚间 $t = 20:20$ 的可靠度通过式(5.10)计算。抽样方法的计算结果如表 5.3 所示的第二列数据。

$$R_{sys}(6) \approx \Pr\{S(20:20)_i\} \quad (5.10)$$

3. Petri 网仿真方法

Petri 网仿真方法需要构建 3 组 Petri 网：①描述设备行为的 Petri 网；②监控总任务失败的 Petri 网；③描述阶段转移的 Petri 网。首先构造描述各测控资源行为的 Petri 网，如图 5.9 所示。图中圆圈的黑点表示库所，代表了设备的当前状态，测控设备状态变迁的延迟时间服从指数分布，参数如表 5.1(第 96 页)所示。算例假设设备在空闲阶段不会失效，因此设备失效的变迁条件为"设备在当前阶段使用且系统未失效"，由于维修工作可以在空闲阶段展开，所以设备维修的限定条件只有"系统未失效"。

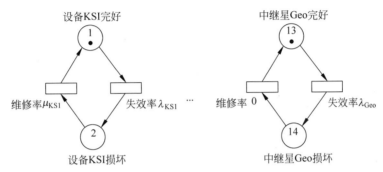

图 5.9　单圈次案例 Petri 网方法的测控设备模型

第二组描述总任务失效的 Petri 网变迁无延迟，变迁条件为系统的可靠性逻辑函数，如图 5.10 所示。该组 Petri 网使用了嵌套 ite 算子。ite 算子是一个三元布尔函数，可以简单理解为计算机编程语言中的 if-then-else 结构。设输入为 x, y 和 z，如果 x 成立，则 ite 算子表示为 y；否则，ite 算子表示为 z。ite 算子的规范表示为

$$\text{ite}(x, y, z) = x \cdot y + \bar{x} \cdot z \tag{5.11}$$

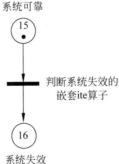

图 5.10　单圈次案例 Petri 网方法的任务失败模型

本节 PMS 包含 4 个阶段,它的可靠性逻辑函数可以用嵌套的 ite 算子表示为

$$
\begin{cases}
总任务失败的 \mathrm{ite} 算子 = \mathrm{ite}(阶段 1,阶段 1 失败条件,阶段 2 \sim 4 失败的 \mathrm{ite} 算子) \\
阶段 2 \sim 4 失败的 \mathrm{ite} 算子 = \mathrm{ite}(阶段 2,阶段 2 失败条件,阶段 3 \sim 4 失败的 \mathrm{ite} 算子) \\
阶段 3 \sim 4 失败的 \mathrm{ite} 算子 = \mathrm{ite}(阶段 3,阶段 3 失败条件,阶段 4 失败条件)
\end{cases}
$$

$$(5.12)$$

具体到本节算例的 Petri 网模型中,各阶段任务的失败条件可表示为

$$阶段 1 失败条件:\sharp 1 == 0 且 \sharp 3 == 0$$
$$阶段 2 失败条件:\sharp 5 == 0 且 \sharp 7 == 0$$
$$阶段 3 失败条件:\sharp 9 == 0 且 \sharp 11 == 0$$
$$阶段 4 失败条件:\sharp 13 == 0$$

其中,$\sharp 1 == 0$ 表示设备 Petri 网模型(图 5.9)中 1 号节点的库所数量为 0,其他符号的含义以此类推。

描述阶段转移的 Petri 网转移如图 5.11 所示。该 Petri 网变迁的判断优先级低于其他两组 Petri 网,也就是说,仿真运行过程会优先判断设备状态的变迁和任务失效的变迁,而后再判断阶段转移的变迁。阶段转移 Petri 网变迁的延迟可以用于描述 PMS 各阶段持续时间,同样使用嵌套 ite 算子表示,即

$$
\begin{cases}
阶段转移变迁的延迟 = \mathrm{ite}(阶段 1,阶段 1 持续时间,阶段 2 \sim 4 变迁 \mathrm{ite} 算子) \\
阶段 2 \sim 4 变迁 \mathrm{ite} 算子 = \mathrm{ite}(阶段 2,阶段 2 持续时间,阶段 3 \sim 4 变迁 \mathrm{ite} 算子) \\
阶段 3 \sim 4 变迁 \mathrm{ite} 算子 = \mathrm{ite}(阶段 3,阶段 3 持续时间,阶段 4 持续时间)
\end{cases}
$$

$$(5.13)$$

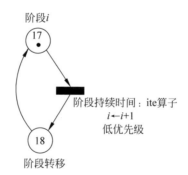

图 5.11   单圈次案例 Petri 网方法的阶段转移模型

本节算例的 Petri 网模型采用 GRIF 软件平台[28]计算。GRIF 是一款较为成熟的可靠性分析商业软件,包含 Markov 分析、可靠性框图、故障树分析、Petri 网仿真等模块,支持多核处理器运算(可选择参与运算核心数),计算结果精度很高,在北欧一部分大学及油气公司中应用普遍。应用 GRIF 软件将 3 组 Petri 网模型输入平台,如图 5.12 所示。仿真过程从时刻 8:20 运算至时刻 20:20,仿真时间前进步长为 0.1min,设仿真运算 10^5 次,GRIF 软件的计算结果如表 5.3 第三列所示。

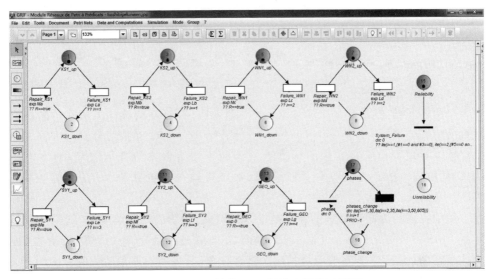

图 5.12 GRIF 软件 Petri 网仿真模块运行图

表 5.3 单阶段算例的可靠度结果对比

时间	PMS 可靠度估值			
	行为向量方法	抽样方法	Petri 网仿真	Relex 软件仿真
8:50 （阶段 1 结束）	0.99999953	0.99999961	1	1
9:25 （阶段 2 结束）	0.99999911	0.99999926	0.999999	0.999999
10:15 （阶段 3 结束）	0.99999719	0.99999780	0.999997	0.999998
20:20 （第一圈结束）	0.99815438	0.99815499	0.998122	0.998157

分析表 5.3 的实验数据不难得出以下结论。

（1）行为向量方法、抽样方法具有逻辑合理性。

表 5.3 数据显示几种可靠性分析方法的计算结果极为接近,说明第 2、3 章提出的行为向量方法,以及第 4 章提出的抽样方法具有逻辑合理性。

（2）解析方法对高可靠度系统的计算结果更精确。

本节提出的航天测控算例属于高可靠度系统,这种系统通常具有很长的寿命和极高的可靠度,仿真方法在分析这种系统时很难得出高精度的解。表 5.3 中的 Relex 软件仿真采用了 10^5 次蒙特卡罗仿真,Petri 网仿真的运行平台是 GRIF 软件。事实上,大部分仿真软件的计算精度只能达到点后六位,对于产量、销量高的产品来说,这种结果的精度是不够的。

（3）GRIF 软件的 Petri 网模块的仿真结果精度不及 Relex 软件。

从表 5.3 最后一行数据看出，GRIF 软件的仿真结果只有点后前 4 位是正确的，点后第 5 位数字就会出现明显偏差；而 Relex 软件的蒙特卡罗仿真结果的点后前 5 位都是正确的。

（4）抽样方法比行为向量方法计算精度更高。

行为向量方法跟 Wang-Modular 方法都须假设"修复的部件无法在本阶段立即投入使用，必须等到下一阶段开始后才能用"。这一假设无视部件阶段内修复重用现象。导致行为向量方法的计算结果等同于不可修系统的可靠度（对本节算例）。而抽样方法不包含这一假设，对部件维修性分析更充分了，算法结果精度更高。

为了提高行为向量方法的计算精度，本节将各个阶段拆分为 4 份，行为向量针对新 PMS 的计算结果较原 PMS 结果提高，更加接近于抽样算法结果，如表 5.4 所示。5.4 节将针对更真实的卫星多圈次管理任务，分析测控通信系统的可靠性。

表 5.4　对单阶段算例进行阶段分割后的算法结果

解 析 方 法	PMS 可靠度	算法耗时/s
行为向量方法-针对原始 PMS 模型 —含 2.4.2 节的假设(6)	0.99815438	0.003
行为向量方法-将各阶段分割 4 份 —含 2.4.2 节的假设(6)	0.99815477	2.84
抽样方法 —不含 2.4.2 节的假设(6)	0.99815499	0.38

5.4　多圈次卫星在轨管理任务可靠性分析

真实的卫星在轨管理任务中，通常以一段时间（7 天）为周期制定测控资源调度方案。5.3 节讨论了以卫星单圈次为限度的测控系统可靠性，本节针对更长的时间周期，分析多圈次情况下测控系统的可靠性。由于中高轨道卫星的运行周期为 12h，7 天内卫星将运行 14 圈，多圈次任务的 PMS 模型阶段的将包含 56（4×14）个阶段，如图 5.13 所示。

多圈次任务中，阶段 1～4 不断重复 14 次。假设测控设备的可靠性和维修性参数与单圈次时相同，如表 5.1 所示，各圈次的任务方案不变。多圈次任务对应的是中等规模 PMS，本节采用抽样方法、Petri 网仿真方法和带有截断策略的行为向量方法分析系统的可靠性。其中，抽样方法和 Petri 网仿真方法可参考单圈次解法，只是递推时间和仿真时间延长，这里不再赘述，其计算结果如表 5.5 所示。

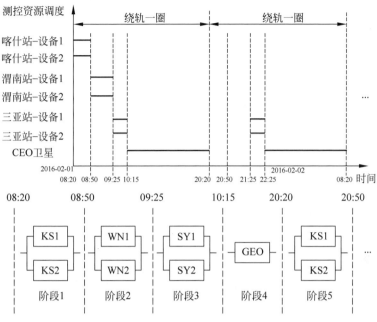

图 5.13　多圈次算例的 PMS 可靠性框图

表 5.5　多圈次算例的不同算法结果对比

时　　间	行为向量方法		行为向量与截断策略混合算法 MPE=$1\cdot10^{-5}$		抽样方法（抽样点间隔 1min）		Petri 网仿真
	PMS 可靠度	算法耗时	PMS 可靠度	算法耗时	PMS 可靠度	算法耗时	PMS 可靠度
第 1 天 20:20（第 1 圈结束）	0.9981544	0.003	0.9981544	0.003	0.9981550	0.18	0.998122
第 4 天 08:20（第 6 圈结束）	0.9889772	129	0.9889713	0.25	0.9889803	1.14	0.988949
⋮	内存不足无法得出结果		⋮		⋮		⋮
第 8 天 08:20（14 圈结束）			0.97445983	8.45	0.9744768	2.62	0.974465

对于行为向量方法,加入截断策略后,行为向量方法的内存占用将减少。算法的部件行为向量见 5.3.2 节,基本计算步骤如图 5.14 所示。算法设最大允许误差 MPE=10^{-5},混合算法计算结果如表 5.5 所示。

表 5.5 中三种解析方法由 MATLAB 语言编程实现,Petri 网仿真基于 GRIF 软件,迭代次数达到 10^5 次。各算法的运行平台统一,均为一台配备 2.69GHz CPU 和 2GB 物理内存的台式计算机。数据显示,行为向量方法的计算只能达到第六圈,超出此范围后行为向量方法的内存占用过大,无法得出计算结果。

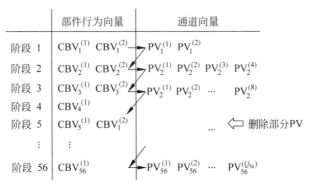

图5.14　多圈次算例的截断策略与行为向量混合算法

当加入截断策略后,行为向量方法的内存占用显著降低,相应的算法计算时间也减少到10s以内,而算法运算能力提高到最后一圈(第14圈)。此时截断算法的最大允许误差 MPE$=10^{-5}$,混合算法的结果与其他方法大致相同,说明截断策略对精度影响不大。在本例中,抽样方法在误差、内存占用、时间消耗都表现良好,说明抽样算法是一种比较好解析方法,它在分析高可靠度系统时比仿真方法和具有一定的优势。

5.5　本章小结

本章针对单颗卫星长期在轨管理任务的实践需要,设计了通信渠道的 PMS 模型,并分析了该 PMS 在不同任务背景下的可靠性。卫星在轨管理任务属于典型的航天测控任务,具有阶段持续时间固定、阶段顺序固定等特点,可以用经典 PMS 模型描述。由于任务具有持续时间长、地面设备可修等特点,本节采用行为向量方法、抽样方法、Petri 网仿真方法计算任务的可靠度,并对比三种方法的精度、耗时。实验指出,无论是单圈次抑或多圈次问题,抽样方法都能以较小的时间、空间消耗得出精度较高的解,是大型 PMS 可靠性分析的重要解析方法。

第6章

结束与展望

6.1　主要工作

多阶段任务系统是描述许多工程应用的一种有效手段,特别在航天测控数传系统建模中有广泛应用。本书针对大型可修的多阶段任务系统,提出了三种可靠性分析方法,逐步解决了PMS阶段增多带来的可靠性分析难题,各章主要内容可以总结为以下几点。

1. 分析可修GPMS可靠性的行为向量方法

第2章提出的行为向量方法是一种全新的模块化分析方法,该方法的主要适用对象是包含大量可修部件的GPMS。为此,行为向量方法首先提出了"系统行为向量"和"部件行为向量"的概念,并基于此设计实现了系统可靠性分析算法。第2章提出的"系统行为向量"是拆解分析GPMS的一个直观有效的手段,具有一定的理论创新意义。"部件行为向量"是分析部件维修行为的基础,是行为向量方法区别于其他GPMS分析方法的重要元素。算例分析指出,行为向量方法可以有效分析带有备份阶段的航天测控任务可靠性。一方面,它继承了Wang-Modular方法的优势——避免状态爆炸,容许系统包含大量可修部件,算法计算量比传统Markov模块明显降低。但另一方面,行为向量方法也继承了Wang-Modular方法的劣势——无法分析阶段内部件修复重用情况,同时只能分析含少量阶段的PMS。为此,第3章提出了新的截断策略。

2. 拓展行为向量方法适用性的截断策略

针对行为向量方法只能分析含少量阶段PMS的问题,第3章提出一种截断策略来计算PMS可靠度的近似值。为了应用截断策略,第3章首先对行为向量方法进行了改进,新的改进算法采用逐阶段递推的计算方式,可以直观地显示各阶段结束时的系统可靠度。改进算法相较于原始行为向量方法在计算复杂度上并没有变化。改进后的行为向量方法可以直接结合截断策略,通过删除一些重要性低的计算节点大量降低算法运算量,以便得出 PMS 可靠度结果的近似值。加入截断策略后,行为向量方法可分析的阶段数明显增多。另外,第 3 章提出的截断策略采用了递减可变的截断阈值,使截断误差直接被预定参数控制,近似算法精度可以由用户控制,避免了传统截断算法中讨论截断误差的繁琐步骤。

3. 分析大规模可修 PMS 可靠性的抽样方法

针对大规模 PMS 部件多、阶段多的特点,第 4 章提出了离散时间可用度的概念,并基于此概念设计并实现了计算 PMS 可靠度的近似方法。事实上,抽样算法是首个将"抽样化""离散化"概念应用于 PMS 可靠性分析的技术手段。抽样方法中的约简成功状态将 BDD 的优点和状态映射的优点结合起来,当系统包含大量部件时,BDD 可以有效控制约简成功状态的数量,避免状态爆炸;而当系统中存在大量阶段时,约简成功状态又可以利用状态映射逐步递推的机制,避免决策图节点爆炸问题,可以说,约简成功状态使抽样方法能够同时应对 PMS 部件增多和阶段增多带来的计算量爆炸问题。相比于其他解析方法,抽样算法在计算效率上有比较大的优势

抽样方法作为一种连续时间逐点递推的模型,可以有效分析部件修复后立即重用现象,避免了其他模块化方法(有关部件维修)不切实际的假设。此外,第 4 章针对抽样方法做了局部优化,提出了针对不可修部件的算法简化策略,进一步提高了抽样算法的计算效率;抽样方法还被进一步推广应用于多状态部件和多阶段网络系统。第 4 章设计的大型 PMS 算例包含上千阶段,抽样方法可以较快速的计算该算例的可靠性,而其他解析方法大都因微机内存有限的原因而难以求解。可以说,抽样算法是分析大型 PMS 可靠性最有效的手段之一。

4. 卫星在轨管理任务的可靠性建模与求解

第 5 章以卫星在轨管理任务为背景,建立了航天测控通信系统的设备级的可靠性模型,并分别评估了系统的短期和长期可靠性。第 5 章还对比了行为向量方法、抽样方法、Petri 网仿真方法的计算效率和建模能力,讨论了最佳输入参数的确定方案,以及算法结果对模型输入参数的敏感性。

6.2   未来工作展望

大规模多阶段任务系统一直是可靠性分析领域的难点。今后的 PMS 可靠性研究主要可以沿着两个方向继续展开——第一个方向是突破传统方法的诸多假设,朝着更贴近工程实际的方向进一步研究;第二个方向是在传统解法上引入诸如不完全覆盖、共因失效等新问题,分析较复杂的工程系统可靠性。第 4 章提出的抽样算法虽然解决了算法复杂度指数增长的问题,但仍有以下三个方面的问题待今后解决。

1. 阶段顺序不固定的大型 PMS 可靠性分析问题

第 1 章指出,传统 PMS 模型包含有一个基本假设——阶段顺序固定。然而在许多真实的工程应用中,系统可能在多个阶段来回切换,且切换时刻由随机事件触发,这种系统已经超出了大部分 PMS 文献的研究范畴。事实上,传统 PMS 也是该型系统的一种特例。由于 Petri 网具有强大的建模能力,可考虑利用仿真方法来分析这种特殊系统的可靠性。

2. 抽样方法在非齐次马尔可夫过程中的应用,以及与截断策略的结合应用

本书 PMS 模型均假设阶段的持续时间为固定值,而一些实际工程应用中阶段转移由概率事件触发,阶段时间是一个随机变量,在这种情况下阶段内部件的行为不再是齐次马尔可夫过程,抽样方法中某些状态映射的计算方法也需要随之改变。另外,第 3 章提出的截断策略是一个降低算法计算量的删除机制,不仅可应用于行为向量方法,也可应用于抽样算法。如何构建一个可编程的截断策略和抽样算法的混合模型,是下一步研究的一个方向。

3. 抽样算法的工程应用

本书虽将抽样算法应用到航天测控系统的可靠性分析中,但还是对系统进行了大量的简化。在未来的研究工作中,可将抽样方法应用到诸如军事物流、组网卫星测控等任务,并探讨诸如共因失效和多模式失效等实际问题。抽样算法的工程应用不仅可以解决实际问题,还能不断提供算法改进的理论思路,对今后的系统可靠性研究有重要意义。

参 考 文 献

[1] IRESON W G,COOMBS C F,MOSS R Y. Handbook of reliability engineering and management [M]. New York：Mcgraw-Hill Press,1996.

[2] 郭波,武小悦,张秀斌. 系统可靠性分析[M].长沙：国防科技大学出版社,2002.

[3] 刘惟信. 机械可靠性设计[M].北京：清华大学出版社,1996.

[4] ESARY J D,ZIEHMS H. Reliability analysis of phased missions[C]. Proceedings of the Conference on Reliability and Fault Tree Analysis. Philadelphia：Naval Postgraduate School Monterey,1975：213-236.

[5] ISAACSON D L,MADSEN R W. Markov chains,theory and applications[M]. New York：Wiley Press,1976.

[6] BURDICK G,FUSSELL J,RASMUSON D. Phased mission analysis：a review of new developments and an application[J]. IEEE Transactions on Reliability,1977,26(1)：43-49.

[7] JUNG W S,HAN S H,HA J. A fast BDD algorithm for large coherent fault trees analysis [J]. Reliability Engineering and System Safety,2004,83(3)：369-374.

[8] MO Y C,HAN J,ZHANG Z. Approximate reliability evaluation of large-scale distributed systems[J]. Journal of Information Science and Engineering,2014,30(1)：25-41.

[9] XING L D,MORRISSETTE B A,DUGAN J B. Combinatorial reliability analysis of imperfect coverage systems subject to functional dependence[J]. IEEE Transactions on Reliability,2014,63(1)：367-382.

[10] TILLMAN F,LIE C,HWANG C. Simulation model of mission effectiveness for military systems[J]. IEEE Transactions on Reliability,1978,27(3)：191-194.

[11] AUPPERLE B,MEYER J F,WEI L. Evaluation of fault-tolerant systems with nonhomogeneous workloads[C]. Proceedings of the 19th International Symposium on Fault-Tolerant Computing. Chicago,IL：IEEE Press,1989：159-166.

[12] MARSEGUERRA M,ZIO E,DEVOOGHT J. A concept paper on dynamic reliability via Monte Carlo simulation[J]. Mathematics and Computers in Simulation,1998,47(2)：371-382.

[13] WARRINGTON L,JONES J,DAVIS N. Modelling of maintenance,within discrete event simulation[M]. Annual Reliability and Maintainability Symposium. Seattle,Wa：IEEE Press.2002：260-265.

[14] KIM H L,CHOI S Y. A study on a discrete event simulation model for availability analysis of weapon systems[J]. International Journal of Mechanical,Aerospace,Industrial, Mechatronic and Manufacturing Engineering,2010,4(10)：1093-1099.

[15] YANG X,WU X. Mission reliability assessment of space TT&C system by discrete event system simulation[J]. Quality and Reliability Engineering International,2014,30(8)：1263-1273.

[16] BONDAVALLI A,MURA I,CHIARADONNA S. DEEM：a tool for the dependability modeling and evaluation of multiple phased systems[M]. Los Alamitos：IEEE Computer

Soc,2000.

[17] MURA I,BONDAVALLI A. Markov regenerative stochastic Petri nets to model and evaluate phased mission systems dependability[J]. IEEE Transactions on Computers, 2001,50(12): 1337-1351.

[18] RAMESH A V,TWIGG D W,SANDADI U R. Reliability analysis of systems with operation-time management[J]. IEEE Transactions on Reliability,2002,51(1): 39-48.

[19] BONDAVALLI A,CHIARADONNA S,DI GIANDOMENICO F. Dependability modeling and evaluation of multiple-Phased systems using deem[J]. IEEE Transactions on Reliability,2004,53(4): 509-522.

[20] BONDAVALLI A,FILIPPINI R. Modeling and analysis of a scheduled maintenance system: a DSPN approach[J]. Computer Journal,2004,47(6): 634-650.

[21] VOLOVOI V. Modeling of system reliability Petri nets with aging tokens[J]. Reliability Engineering and System Safety,2004,84(2): 149-161.

[22] CHEW S P,DUNNETT S J,ANDREWS J D. Phased mission modelling of systems with maintenance-free operating periods using simulated Petri nets[J]. Reliability Engineering and System Safety,2008,93(7): 980-994.

[23] MO Y C,SIEWOREK D,YANG X Z. Mission reliability analysis of fault-tolerant multiple-phased systems[J]. Reliability Engineering and System Safety, 2008, 93 (7): 1036-1046.

[24] RELEX SOFTWARE CORPORATION. Relex reliability studio 6. 0 user manual[Z]. 2006.

[25] PTC WINDCHILL CORPORATION. Windchill quality solutions 10. 1 user manual[Z]. 2015.

[26] QRAS ITEM. Item software tutorial Guide[Z]. 2006.

[27] BRALL A,HAGEN W,TRAN H. Reliability block diagram modeling-comparisons of three software packages[C]. Proceedings of the Annual Reliability and Maintainability Symposium Orlando,FL: IEEE Press,2007: 119-124.

[28] GRIF WORKSHOP. GRIF software user manual[Z]. 2012.

[29] SAHNER R A,TRIVEDI K,PULIAFITO A. Performance and reliability analysis of computer systems: an example-based approach using the SHARPE software package [M]. New York: Springer Press,2012.

[30] DISTEFANO S,PULIAFITO A. Reliability and availability analysis of dependent-dynamic systems with DRBDs[J]. Reliability Engineering and System Safety,2009,94(9): 1381-1393.

[31] VAURIO J K. Fault tree analysis of phased mission systems with repairable and non-repairable components[J]. Reliability Engineering and System Safety, 2001, 74 (2): 169-180.

[32] CEPIN M,MAVKO B. A dynamic fault tree[J]. Reliability Engineering and System Safety,2002,75(1): 83-91.

[33] LA BAND R A,ANDREWS J D. Phased mission modelling using fault tree analysis[J]. Proceedings of The Institution of Mechanical Engineers-Part E: Journal of Process Mechanical Engineering,2004,218(2): 83-91.

[34] DUGAN J B,BAVUSO S J,BOYD M. Dynamic fault-tree models for fault-tolerant computer systems[J]. IEEE Transactions on Reliability,1992,41(3): 363-377.

[35] ZANG X, SUN H, TRIVEDI K S. A BDD-based algorithm for reliability analysis of phased-mission systems[J]. IEEE Transactions on Reliability, 1999, 48(1): 50-60.

[36] XING L D, DUGAN J B. Analysis of generalized phased-mission system reliability, performance, and sensitivity[J]. IEEE Transactions on Reliability, 2002, 51(2): 199-211.

[37] XING L D, DUGAN J B. Comments on PMS BDD generation in "A bDD-based algorithm for reliability analysis of phased-mission systems"[J]. IEEE Transactions on Reliability, 2004, 53(2): 169-173.

[38] XING L D, DUGAN J B. A separable ternary decision diagram based analysis of generalized phased-mission reliability[J]. IEEE Transactions on Reliability, 2004, 53(2): 174-184.

[39] TANG Z H, DUGAN J B. BDD-based reliability analysis of phased-mission systems with multimode failures[J]. IEEE Transactions on Reliability, 2006, 55(2): 350-360.

[40] XING L. Reliability evaluation of phased-mission systems with imperfect fault coverage and common-cause failures[J]. IEEE Transactions on Reliability, 2007, 56(1): 58-68.

[41] RAUZY A. Binary decision diagrams for reliability studies[M]. Handbook of Performability Engineering. London: Springer Verlag. 2008: 381-396.

[42] MO Y C. New insights into the BDD-based reliability analysis of phased-mission systems [J]. IEEE Transactions on Reliability, 2009, 58(4): 667-678.

[43] MO Y C. Variable ordering to improve BDD analysis of phased-mission systems with multimode failures[J]. IEEE Transactions on Reliability, 2009, 58(1): 53-57.

[44] PRESCOTT D R, REMENYTE-PRESCOTT R, REED S. A reliability analysis method using binary decision diagrams in phased mission planning[J]. Proceedings of the Institution of Mechanical Engineers-Part O: Journal of Risk and Reliability, 2009, 223(2): 133-143.

[45] AMARI S V, XING L D, SHRESTHA A. Performability analysis of multistate computing systems using multivalued decision diagrams[J]. IEEE Transactions on Computers, 2010, 59(10): 1419-1433.

[46] DU S G, WANG N. A novel binary decision diagram variable ordering approach on phased mission system[C]. Proceedings of the International Conference on Management Science and Engineering. Melbourne, Australia: IEEE Press, 2010: 116-122.

[47] XING L D, LEVITIN G. BDD-based reliability evaluation of phased-mission systems with internal/external common-cause failures[J]. Reliability Engineering and System Safety, 2013, 112: 145-153.

[48] MO Y C, XING L D, AMARI S. A multiple-valued decision diagram based method for efficient reliability analysis of non-repairable phased-mission systems[J]. IEEE Transactions on Reliability, 2014, 63(1): 320-330.

[49] PENG R, ZHAI Q Q, XING L D. Reliability of demand-based phased-mission systems subject to fault level coverage[J]. Reliability Engineering and System Safety, 2014, 121: 18-25.

[50] SHRESTHA A, XING L D, DAI Y S. Reliability analysis of multi-state phased-mission systems[C]. Proceedings of the Annual Reliability and Maintainability Symposium. Fort Worth, TX: IEEE, 2009: 151-156.

[51] 朱海鹏. 基于 BDD 的多阶段任务系统可靠性建模分析[D]. 成都: 电子科技大学, 2010.

[52] SOMANI A K,TRIVEDI K S. Phased-mission system analysis using Boolean algebraic methods[C]. Proceedings of the ACM Sigmetrics Conference. Nashville,TN: IEEE Press, 1994: 98-107.

[53] MA Y,TRIVEDI K. An algorithm for reliability analysis of phased-mission systems[J]. Reliability Engineering and System Safety,1999,66(2): 157-170.

[54] AKERS S B. Binary decision diagrams [J]. IEEE Transactions on Computers, 1978, 100(6): 509-516.

[55] XING L D,DUGAN J B. Reliability analysis of phased-mission systems with combinatorial phase requirements [C]. Proceedings of the Annual Reliability and Maintainability Symposium. Philadelphia,PA: IEEE Press,2001: 344-351.

[56] XING L D,DUGAN J B. Generalized imperfect coverage phased-mission analysis[C]. Proceedings of the Annual Reliability and Maintainability Symposium. Seattle,WA: IEEE Press,2002: 112-119.

[57] CHEN G Y,HUANG X Z,TANG X W. BDD & SEA based analysis of generalized phased-mission reliability[C]. Proceedings of the Annual Reliability and Maintainability Symposium. Newport Beach,CA: IEEE Press,2006: 456-463.

[58] XING L D,AMARI S V,WANG C N. Reliability of K-out-of-N systems with phased-mission requirements and imperfect fault coverage[J]. Reliability Engineering and System Safety,2012,103: 45-50.

[59] PENG R,MO H D,XIE M. Optimal structure of multi-state systems with multi-fault coverage[J]. Reliability Engineering and System Safety,2013,119: 18-25.

[60] TANG Z H,XU H,DUGAN J B. Reliability analysis of phased mission systems with common cause failures [C]. Proceedings of the Annual Reliability and Maintainability Symposium. Alexandria,VA: IEEE Press,2005: 313-318.

[61] XING L D,MESHKAT L,DONOHUE S K. Reliability analysis of hierarchical computer-based systems subject to common-cause failures[J]. Reliability Engineering and System Safety,2007,92(3): 351-359.

[62] XING L D,BODDU P,SUN Y. Reliability analysis of static and dynamic fault-tolerant systems subject to probabilistic common-cause failures[J]. Proceedings of The Institution of Mechanical Engineers-Part O: Journal of Risk and Reliability,2010,224(1): 43-53.

[63] LEVITIN G,XING L D,AMARI S V. Reliability of non-repairable phased-mission systems with propagated failures[J]. Reliability Engineering and System Safety, 2013, 119(2): 18-28.

[64] LEVITIN G,XING L D,AMARI S V. Reliability of nonrepairable phased-mission systems with common cause failures [J]. IEEE Transactions on Systems Man Cybernetics-Systems,2013,43(4): 967-978.

[65] LEVITIN G,XING L D,BEN-HAIM H. Reliability of series-parallel systems with random failure propagation time[J]. IEEE Transactions on Reliability, 2013, 62 (3): 637-647.

[66] LEVITIN G,XING L D,Yu S. Optimal connecting elements allocation in linear consecutively-connected systems with phased mission and common cause failures [J]. Reliability Engineering and System Safety,2014,130: 85-94.

[67]　BRYANT R E. Symbolic Boolean manipulation with ordered binary-decision diagrams[J]. ACM Computing Surveys,1992,24(3)：293-318.

[68]　FRIEDMAN S J,SUPOWIT K J. Finding the optimal variable ordering for binary decision diagrams[C]. Proceedings of the 24th ACM/IEEE Design Automation Conference. USA：ACM Press,1987：348-356.

[69]　BOLLIG B,WEGENER I. Improving the variable ordering of OBDDs is NP-complete[J]. IEEE Transactions on Computers,1996,45(9)：993-1002.

[70]　HUANG H Z,ZHANG H,LI Y. A new ordering method of basic events in fault tree analysis[J]. Quality and Reliability Engineering International,2012,28(3)：297-305.

[71]　ALAM M,ALSAGGAF U M. Quantitative reliability evaluation of repairable phased-mission systems using markov approach[J]. IEEE Transactions on Reliability,1986,35(5)：498-503.

[72]　SMOTHERMAN M,ZEMOUDEH K. A non-homogeneous markov model for phased-mission reliability analysis[J]. IEEE Transactions on Reliability,1989,38(5)：585-590.

[73]　SMOTHERMAN M K,GEIST R M. Phased mission effectiveness using a nonhomogeneous markov reward model[J]. Reliability Engineering and System Safety,1990,27(2)：241-255.

[74]　SOMANI A K,RITCEY J A,AU S H. Computationally-efficient phased-mission reliability analysis for systems with variable configurations[J]. IEEE Transactions on Reliability,1992,41(4)：504-511.

[75]　KIM K,PARK K S. Phased-mission system reliability under markov environment[J]. IEEE Transactions on Reliability,1994,43(2)：301-309.

[76]　MURPHY K E,CARTER C M,MALERICH A W. Reliability analysis of phased-mission systems：a correct approach[C]. Proceedings of the Annual Reliability and Maintainability Symposium. Orlando,FL：IEEE Press,2006：7-12.

[77]　CEKYAY B,OZEKICI S. Performance measures for systems with markovian missions and aging[J]. IEEE Transactions on Reliability,2012,61(3)：769-778.

[78]　CLAROTTI C,CONTINI S,SOMMA R. Repairable multiphase systems-markov and fault-tree approaches for reliability evaluation[M]. Synthesis and Analysis Methods for Safety and Reliability Studies. London：Springer-Verlag. 1980：45-58.

[79]　DUGAN J B. Automated analysis of phased-mission reliability[J]. IEEE Transactions on Reliability,1991,40(1)：45-52.

[80]　陈光宇.不完全覆盖多阶段任务系统的静态和动态故障树综合研究[D].成都：电子科技大学,2005.

[81]　阎华.基于 CTMC 的航天测控通信系统任务可靠性建模方法与分析[D].长沙：国防科学技术大学,2012.

[82]　莫毓昌,杨孝宗,崔刚.一般阶段任务系统的任务可靠性分析[J].软件学报,2007,18(4)：1068-1076.

[83]　CHRYSSAPHINOU O,LIMNIOS N,MALEFAKI S. Multi-state reliability systems under discrete time semi-markovian hypothesis[J]. IEEE Transactions on Reliability,2011,60(1)：80-87.

[84]　MURA I,BONDAVALLI A. Hierarchical modeling and evaluation of phased-mission

systems[J]. IEEE Transactions on Reliability,1999,48(4): 360-368.

[85] MESHKAT L,XING L D,DONOHUE S. An overview of the phase-modular fault tree approach to phased-mission system analysis [C]. Proceedings of the international conference on space mission challenges for information technology. Pasadena,CA: JPL, (Jet Propulsion Laboratory) Publication,2003: 393-398.

[86] OU Y,DUGAN J B. Modular solution of dynamic multi-phase systems [J]. IEEE Transactions on Reliability,2004,53(4): 499-508.

[87] WANG D,TRIVEDI K S. Reliability analysis of phased-mission system with independent component repairs[J]. IEEE Transactions on Reliability,2007,56(3): 540-551.

[88] SHRESTHA A,XING L D,DAI Y S. Reliability analysis of multistate phased-mission systems with unordered and ordered states[J]. IEEE Transactions on Systems Man and Cybernetics Part A-Systems and Humans,2011,41(4): 625-636.

[89] LU J-M,WU X-Y. Reliability evaluation of generalized phased-mission systems with repairable components[J]. Reliability Engineering and System Safety,2014,121: 136-145.

[90] LU J-M,WU X-Y,LIU Y. Reliability analysis of large phased-mission systems with repairable components based on success-state sampling [J]. Reliability Engineering and System Safety,2015,142: 123-133.

[91] STYAN G P. Hadamard products and multivariate statistical analysis[J]. Linear Algebra and Its Applications,1973,6: 217-240.

[92] ALAM M,SONG M,HESTER S L. Reliability analysis of phased-mission systems: a practical approach [C]. Proceedings of the Annual Reliability and Maintainability Symposium. Newport Beach,CA: IEEE Press,2006: 551-558.

[93] JUNG W-S,HAN S-H,YANG J-E. Fast BDD truncation method for efficient top event probability calculation[J]. Nuclear Engineering and Technology,2008,40(7): 571-580.

[94] MO Y C,ZHONG F,ZHAO X. New results to BDD truncation method for efficient top event probability calculation[J]. Nuclear Engineering and Technology,2012,44: 755-766.

[95] JUNG W S. A method to improve cutset probability calculation in probabilistic safety assessment of nuclear power plants[J]. Reliability Engineering and System Safety,2015, 134: 134-142.

[96] RAUZY A,DUTUIT Y. Exact and truncated computations of prime implicants of coherent and non-coherent fault trees within aralia[J]. Reliability Engineering and System Safety,1997,58(2): 127-144.

[97] CEPIN M. Analysis of truncation limit in probabilistic safety assessment[J]. Reliability Engineering and System Safety,2005,87(3): 395-403.

[98] EPSTEIN S,RAUZY A. Can we trust pra[J]. Reliability Engineering and System Safety, 2005,88(3): 195-205.

[99] JUNG W S,YANG J-E,HA J. Development of measures to estimate truncation error in fault tree analysis[J]. Reliability Engineering and System Safety,2005,90(1): 30-36.

[100] VAURIO J K. Ideas and developments in importance measures and fault-tree techniques for reliability and risk analysis [J]. Reliability Engineering and System Safety,2010, 95(2): 99-107.

[101] 黎丽荣.基于马尔可夫模型的大型 Pms 任务可靠性分析方法[D].长沙:国防科学技术

大学,2011.

[102] 闫华,武小悦.航天测控通信系统可靠性分析的改进 Krylov 投影算法[J].系统工程与电子技术,2012,34(10):2180-2186.

[103] HARIRI S,RAGHAVENDRA C S. Syrel:a symbolic reliability algorithm based on path and cutset methods[J]. IEEE Transactions on Computers,1987,100(10):1224-1232.

[104] LOCKS M O. A Minimizing algorithm for sum of disjoint products [J]. IEEE Transactions on Reliability,1987,36(4):445-453.

[105] AHMAD S H. Simple enumeration of minimal cutsets of acyclic directed graph[J]. IEEE Transactions on Reliability,1988,37(5):484-487.

[106] AGGARWAL K,CHOPRA Y,BAJWA J. Modification of cutsets for reliability evaluation of communication systems [J]. Microelectronics Reliability,1982,22(3):337-340.

[107] COOK J L,RAMIREZ-MARQUEZ J E. Two-terminal reliability analyses for a mobile ad hoc wireless network[J]. Reliability Engineering and System Safety,2007,92(6):821-829.

[108] RAI S,KUMAR A,PRASAD E. Computing terminal reliability of computer network [J]. Reliability Engineering,1986,16(2):109-119.

[109] COLBOURN C J. The combinatorics of network reliability [M]. Oxford:Oxford University Press,1987.

[110] GADANI J. System effectiveness evaluation using star and delta transformations[J]. IEEE Transactions on Reliability,1981,30(1):43-47.

[111] SATYANARAYANA A,CHANG M K. Network reliability and the factoring theorem [J]. Networks,1983,13(1):107-120.

[112] WOOD R K. A factoring algorithm using polygon-to-chain reductions for computing K-terminal network reliability[J]. Networks,1985,15(2):173-190.

[113] RESENDE M G. A program for reliability evaluation of undirected networks via Polygon-to-chain reductions[J]. IEEE Transactions on Reliability,1986,35(1):24-29.

[114] RESENDE L I. Implementation of a factoring algorithm for reliability evaluation of undirected networks[J]. IEEE Transactions on Reliability,1988,37(5):462-468.

[115] PAGE L B,PERRY, J. E. Reliability of directed networks using the factoring theorem [J]. IEEE Transactions on Reliability,1989,38(5):556-562.

[116] THEOLOGOU O R, CARLIER J G. Factoring and reductions for networks with imperfect vertices[J]. IEEE Transactions on Reliability,1991,40(2):210-217.

[117] CHOI M S, JUN C-H. Some variants of polygon-to-chain reductions in evaluating reliability of undirected network[J]. Microelectronics Reliability,1995,35(1):1-11.

[118] TORRIERI D. Calculation of node-pair reliability in large networks with unreliable nodes [J]. IEEE Transactions on Reliability,1994,43(3):375-378.

[119] NETES V A,FILIN B P. Consideration of node failures in network-reliability calculation [J]. IEEE Transactions on Reliability,1996,45(1):127-128.

[120] SINGH H, VAITHILINGAM S, ANNE R. Terminal reliability using binary decision diagrams[J]. Microelectronics Reliability,1996,36(3):363-365.

[121] KUO S-Y,LU S-K,YEH F-M. Determining terminal-pair reliability based on edge expansion diagrams using OBDD[J]. IEEE Transactions on Reliability,1999,48(3):234-246.

[122]　HARDY G，LUCET C，LIMNIOS N. Computing all-terminal reliability of stochastic networks with binary decision diagrams[C]. Proceedings of the 11th International Symposium on Applied Stochastic Models and Data Analysis. Brest，France：Springer-Verlag，2005：17-20.

[123]　HARDY G，LUCET C，LIMNIOS N. K-terminal network reliability measures with binary decision diagrams[J]. IEEE Transactions on Reliability，2007，56(3)：506-515.

[124]　KUO S-Y，YEH F-M，LIN H-Y. Efficient and exact reliability evaluation for networks with imperfect vertices[J]. IEEE Transactions on Reliability，2007，56(2)：288-300.

[125]　XING L. An efficient binary-decision-diagram-based approach for network reliability and sensitivity analysis[J]. IEEE Transactions on Systems，Man and Cybernetics-Part A：Systems and Humans，2008，38(1)：105-115.

[126]　武小悦.复杂关联系统的可靠性建模与分析[D].长沙：国防科学技术大学，2000.

[127]　郝岩.航天测控网[M].北京：国防工业出版社，2004.

[128]　夏南银.航天测控系统[M].北京：国防工业出版社，2002.

[129]　杨宗志.航天测控网通信系统[M].北京：国防工业出版社，2009.

[130]　谢红卫，张明.航天测控系统[M].长沙：国防科技大学出版社，2000.

[131]　丁溯泉，张波，刘世勇.Stk 在航天任务仿真分析中的应用[M].北京：国防工业出版社，2011.

[132]　于志坚.航天测控系统工程[M].北京：国防工业出版社，2008.

[133]　凌晓冬.多星测控调度问题建模及算法研究[D].长沙：国防科学技术大学，2009.

[134]　陈峰.多星测控调度问题的遗传算法研究[D].长沙：国防科学技术大学，2010.

[135]　康宁.航天测控优化调度模型及其拉格朗日松弛求解算法[D].长沙：国防科学技术大学，2011.

[136]　许双伟.航天测控通信系统任务可靠性的仿真评估方法[D].长沙：国防科学技术大学，2013.

[137]　杨廷善.航空测控系统实用手册[M].北京：航空工业出版社，1997.

[138]　闵士权.卫星通信系统工程设计与应用[M].北京：电子工业出版社，2015.

[139]　常飞.卫星地面站数传资源配置优化模型与算法研究[D].长沙：国防科学技术大学，2010.

[140]　李云峰.卫星—地面站数传调度模型及算法研究[D].长沙：国防科学技术大学，2008.

[141]　陈祥国.卫星数传调度的蚁群优化模型及算法研究[D].长沙：国防科学技术大学，2010.

[142]　顾中舜.中继卫星动态调度问题建模及优化技术研究[D].长沙：国防科学技术大学，2008.

[143]　王沛.基于分支定价的多星多站集成调度方法研究[D].长沙：国防科学技术大学，2011.

[144]　贺仁杰.成像侦察卫星调度问题研究[D].长沙：国防科学技术大学，2004.

[145]　阮启明.面向区域目标的成像侦察卫星调度问题研究[D].长沙：国防科学技术大学，2006.

[146]　王钧.成像卫星综合任务调度模型与优化方法研究[D].长沙：国防科学技术大学，2007.

[147]　白保存.考虑任务合成的成像卫星调度模型与优化算法研究[D].长沙：国防科学技术

大学,2008.

[148] 邓爱民.高可靠长寿命产品可靠性技术研究[D].长沙：国防科学技术大学,2006.

[149] 王学.载人飞船回收着陆系统可靠性研究[D].长沙：国防科学技术大学,2010.

[150] WOLMAN W. A model for the reliability estimation of space systems[J]. IEEE Transactions on Reliability,1963,12(1)：32-39.

[151] NATHAN I. Mission effectiveness model for manned space flight[J]. IEEE Transactions on Reliability,1965,14(2)：84-93.

[152] PEDAR A, SARMA V. Phased-mission analysis for evaluating the effectiveness of aerospace computing-systems [J]. IEEE Transactions on Reliability, 1981, 30 (5)：429-437.

[153] PEDAR A,SARMA V. Architecture optimization of aerospace computing systems[J]. IEEE Transactions on Computers,1983,100(10)：911-922.

[154] BONDAVALLI A, MURA I, NELLI M. Analytical modelling and evaluation of the guards instances：example for space applications[M]. IEEE High Assurance System Engineering Workshop. Washington D. C. ,Usa；IEEE Press. 1997.

[155] BERNER J B,KAYALAR S,PERRET J D. The NASA spacecraft transponding modem [C]. Proceedings of the IEEE Aerospace Conference. Big Sky, MT：IEEE Press,2000：195-209.

[156] BERNER J B,ANDREWS K S. Deep space network turbo decoder implementation[C]. Proceedings of the IEEE Aerospace Conference. Big Sky, MT；IEEE Press. 2001：1149-1157.

[157] BERNER J, BRYANT S H. Operations comparison of deep space ranging types：Sequential tone vs. pseudo-noise[C]. Proceedings of the IEEE Aerospace Conference. Big Sky,MT：IEEE Press,2002：1313-1326.

[158] AARON K M, HASHEMI A, MORRIS P A. Space interferometry mission thermal design[C]. Proceedings of the Astronomical Telescopes and Instrumentation. Marseille,France：International Society for Optics and Photonics,2003：279-288.

[159] AARON K M,STUBBS D M,KROENING K. Space interferometry mission instrument mechanical layout[C]. Proceedings of the IEEE Aerospace Conference. Big Sky, MT：IEEE Press,2000：219-230.

[160] DEMIRCIOGLU E,NEFES M M. Reliability-based TT&C subsystem design methodology for complex spacecraft missions[C]. Proceedings of the Annual Conference on Information Sciences and Systems. Princeton,NJ：IEEE Press,2008：1268-1272.

[161] 中华人民共和国国防部. GJB/Z66—1994 航天测控系统总体设计指南[M].北京：中国标准出版社. 1994.

[162] 于志坚.载人航天测控通信系统[J].宇航学报,2004,25(3)：247-250.

[163] 于志坚.深空测控通信技术[M].中国科协年会.北京.2006.

[164] 陈相周,顾侧峰,吕大奎.神舟号载人飞船船载测控通信分系统[J].上海航天,2005,5：9-13.

[165] 张庆君,余孝昌,左莉华.神舟载人飞船测控与通信分系统的研制[J].航天器工程,2004,1：97-103.

[166] 王少云.测控系统可靠性的预计[J].江苏航空,1994,2：20-22.

[167] 刘洋,姜良.某测控系统软件的可靠性预计[J]. Electronic Product Reliability and Environmental Testing,2006,1:46-48.

[168] 高薇,张强.故障树分析方法在航天测控系统中的应用[C].中国系统工程学会决策科学专业委员会第六届学术年会论文集,2005.

[169] 周若.测控系统的可靠性[J].测控技术,1997,5:54-56.

[170] 程志君,王小林,郭波.变环境条件下发射场测控设备使用阶段可靠性评估模型[J].导弹与航天运载技术,2010,6:41-44.

[171] 师振荣,张天斌,杨玖文.测控系统老旧设备可靠性性能分析[J].装备指挥技术学院学报,2009,20(1):114-117.

[172] 凌国平,周新建.如何提高测控系统中 Rs485 通信的可靠性[J].仪器仪表学报,2005,26(增刊1):470-471.

[173] 王刚,武小悦,卢立常.基于 BDD 的航天测控系统任务可靠性分析[J].飞行器测控学报,2011,30(2):20-24.

[174] 董学军,武小悦,陈英武.基于 Markov 链互模拟的航天器发射任务可靠度模型[J].系统工程理论与实践,2012,32(10):2323-2331.

[175] 闫华,武小悦.卫星数传应急任务调度模型[J].计算机工程,2012,38(10):31-33.

[176] 闫华,武小悦.基于任务弧段的测控通信任务可靠性建模方法[J].航空动力学报,2012,27(12):2769-2777.

[177] 张新贵,武小悦.基于自适应粒子群算法的航天测控系统任务可靠性分配[J].航空动力学报,2012,27(9):2147-2154.

[178] 杨晓松,武小悦.航天测控系统任务可靠性分析的 Eoopn 模型[J].国防科技大学学报,2013,35(5):37-43.

[179] 孟礼,武小悦.基于 BDD 算法的航天测控系统任务可靠性建模与分析[J].装备学院学报,2015,5:113-119.

[180] 许双伟,武小悦.高可靠多阶段任务系统可靠性仿真的高效方法[J].装备学院学报,2012,23(3):69-74.

[181] 许双伟,武小悦.单测控站测控任务可靠性仿真的高效方法[J].系统工程理论与实践,2012,32(6):1385-1390.

[182] 许双伟,武小悦.航天测控任务可靠性的混合分析方法[J].系统工程与电子技术,2013,3:667-671.

缩写词列表

缩 写 词	全 称	含 义
BCON	backward concatenation	后向串联
BDD	binary decision diagram	二元决策图
BPDO	backward phased dependent operation	后向阶段依赖操作
CBV	component behavior vector	部件行为向量
CCF	common cause failure	共因失效
CPR	combinatorial phase requirement	组合阶段需求
CTMC	continuous time markov chains	连续时间马尔可夫链
FCON	forward concatenation	前向串联
FPDO	forward phased dependent operation	前向阶段依赖操作
FT	fault tree	故障树
FTA	fault tree analysis	故障树分析
GPMS	generalized phased-mission systems	广义多阶段任务系统
IPC	imperfect coverage	不完全覆盖
MBDD	multi-state binary decision diagrams	多状态二元决策图
MDD	multi-valued decision diagram	多值决策图
MMDD	multi-state multi- valued decision diagram	多值多状态决策图
MPE	maximum permissible error	最大允许误差
MPNS	multi-phase network systems	多阶段网络系统
MTBF	mean time between failures	平均故障间隔时间
MTTR	mean time to repair	平均修复时间
NASA	National Aeronautics and Space Administration	美国国家航空航天局
OBDD	ordered binary decision diagram	有序二元决策图
PMS	phased-mission systems	多阶段任务系统
PV	path vector	通路向量
RBD	reliablity block diagram	可靠性框图
SBV	system behavior vector	系统行为向量
SIM	space interferometry mission	空间干涉测量任务
TDD	ternary decision diagram	三元决策图
TRM	transition rate matrix	转移速率矩阵
TT&C system	Tracking，Telemetry and Command System	航天测控系统